J'AI JAMAIS RIEN COMPRIS AUX

MATHÉMATIQUES

MAIS ÇA JE COMPRENDS

ISBN : 978-2-84567-925-2
Dépôt légal : septembre 2017
Imprimé en Espagne
Tana éditions, un département d'Édi8
12, avenue d'Italie
75013 Paris
Tél. : 01 44 16 09 00
Fax : 01 44 16 09 01
www.tana.fr

François Sauvageot

J'AI JAMAIS RIEN COMPRIS AUX MATHÉMATIQUES MAIS ÇA JE COMPRENDS

Illustrations : Nicolas Beaujouan

Tana éditions

INTRODUCTION 6

1. PROBABILITÉS 8

	Introduction	11
1.	Faut-il changer de porte ?	13
2.	Quitte ou double ?	14
3.	Dis, c'est quoi le hasard ?	15
4.	Fille ou garçon ?	17
5.	Choisis ta couleur !	18
6.	On ne prête qu'aux riches !	20
7.	Un peu de justice ?	20
8.	Bourses au mérite... vraiment ?	22
9.	Et vu de loin, c'est comment ?	23
10.	Une chance sur deux... exactement ?	24
11.	Incroyables coïncidences !	25
12.	Tests ADN	26
13.	Jouer la justice aux dés ?	27
14.	C'est rare... sauf dans certains cas !	28

2. ALGÈBRE 30

	Introduction	33
1.	Dessine-moi une somme !	34
2.	Dessine-moi un carré !	35
3.	Jouons avec des cubes !	37
4.	Réunir les parties brisées	40
5.	Compte avec tes doigts !	41
6.	Additions... à trous	42
7.	Produits en croix... et la bannière ?	43
8.	Pythagore et son secret	46
9.	Équation du second degré	49
10.	Inconnues et racines	51
11.	Symétries et racines	52
12.	Un nombre qui n'existe pas ?	54
13.	Taquin	56
14.	Équation du troisième degré	59

3. ANALYSE 62

	Introduction	65
1.	Gauss vs. Chuck Norris	67
2.	Série géométrique	68
3.	Le nombre d'Euler	70
4.	Suites adjacentes	71
5.	Suite de Fibonacci	73
6.	Vers l'infini et au-delà !	76
7.	Achille et la tortue	77
8.	Un calcul d'Archimède	78
9.	Calcul différentiel	81
10.	Dérivée seconde	83
11.	Quelle formule pour les impôts ?	85
12.	Moyennes	86
13.	Inégalité de Cauchy-Schwarz	88
14.	Agrandir avec de la symétrie	90

4. DÉCISION, VOTE ET PARTAGE 94

	Introduction	96
1.	Partage	98
2.	Pour le meilleur et pour le pire	100
3.	Dis-moi ton ennemie, je te dirai si nous sommes amies!	100
4.	Décision	101
5.	Vote et mensonge	102
6.	Colorier pour choisir	103
7.	Le bon équilibre	104
8.	Pierre / Feuille / Ciseaux	107
9.	Carré magique	108
10.	Vainqueur de Condorcet	109
11.	Une seule solution, la dictature ?	116
12.	Vive Adénoïd ?	116
13.	Un dictateur, d'accord, mais pris au hasard !	121
14.	Les vertus du coloriage	121
15.	Comment diviser en trois ?	123
16.	Comment répartir en trois ?	126

François Sauvageot est mathématicien et acteur de science populaire. Après des études à l'ENS Ulm et une agrégation de maths, il a été enseignant-chercheur et s'est occupé de la diffusion des maths pour le CNRS. Il est actuellement professeur de chaire supérieure à Nantes. Vous pouvez le voir lors de ses one-maths show ou dans *Comment j'ai détesté les maths,* le film d'Olivier Peyon. Il intervient également avec son association, Résonance – Art & Science, pour des spectacles mêlant danse et mathématique ou, plus généralement, sciences et arts du vivant.

Site internet : http://mathom.fr.

INTRODUCTION

Pourquoi ? »… « C'est pas juste ! »… « Oh ! » … « C'est beau ! »… autant de motivation pour faire des maths et pour trouver un peu de paix et de sérénité au milieu de nos expériences personnelles, grâce à des modèles simplifiés du monde qui nous entoure. Et aussi pour les partager.

Les maths permettent de comprendre ces modèles, de les combattre ou de les défendre ou simplement de rêver. Leur langage se veut universel, mais on ne peut échapper à la multiplicité de leur sens ou de leur interprétation. Henri Poincaré écrivait d'ailleurs que l'art des maths est de donner le même nom à des choses différentes.

Ce livre propose une vision « habitée » des maths. Il s'interroge sur les bourses au mérite, les tests ADN, les impôts, la démocratie, le partage, etc. avec des mots simples et peu, voire pas du tout de formalisme. Il visite au passage quelques stars des maths comme l'équation du 2nd degré ou la suite de Fibonacci et fait siennes des questions aussi anciennes que Pythagore, aussi révolutionnaires que Condorcet, aussi désarmantes que les songes de Kepler ou aussi brûlantes qu'un café des maths !

Voici un exemple d'affirmation volontairement choquante et lapidaire : « le seul choix social respectant l'unanimité et l'indépendance est la dictature ». Alors ? Toute démocratie est-elle impossible ? Le système de vote de la Grèce antique est-il le seul où personne n'a intérêt à mentir ? Vous le découvrirez en parcourant ces pages. La réponse est un peu plus complexe que la question, ne serait-ce que, pour y répondre, il faut en fait préciser la question !

On peut lire ces pages en picorant selon son envie. On peut d'ailleurs les parcourir au hasard ! Il ne s'agit pas d'un cours, mais plutôt d'un conte pour rêver, s'indigner ou s'émerveiller.

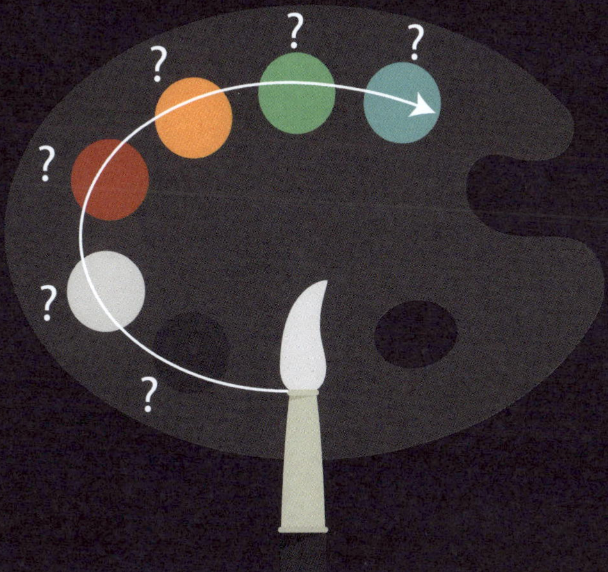

PROBABILITÉS

INTRODUCTION

Dans ce chapitre nous présentons quelques résultats intuitifs ou contre-intuitifs autour de la notion d'aléa, de hasard ou encore, en termes plus modernes, de probabilités. Les mots hasard et aléa désignaient initialement les jeux de dés et c'est donc ce modèle, que l'on imagine le plus souvent avec des faces équiprobables, qui est derrière la plupart des exemples fondateurs de la théorie des probabilités.

Nous montrons la nécessité d'introduire un cadre rigoureux pour effectuer des calculs de probabilité. Cela a pour conséquence à la fois de restreindre le champ d'application de cette théorie mathématique mais aussi de lui conférer une redoutable efficacité et notamment d'effectuer des calculs afin, par exemple, d'aider à prendre des décisions.

En cheminant, nous rencontrerons des formes plus ou moins explicites des notions de fréquence, de probabilité, de probabilité conditionnelle, de triangle de Pascal (dont on trouve des traces dans les œuvres du mathématicien persan Al-Karaji au XIe siècle), de lois des grands nombres... Toutes ces notions, loin de ne s'appliquer qu'à des jeux de hasard, permettent de gagner un peu d'intuition sur des problèmes complexes comme l'attribution de bourses ou l'utilisation des tests ADN en justice par exemple.

1 - Faut-il changer de porte ?

Pour commencer, voici des probabilités sans calcul ! Il s'agit d'un jeu où l'on propose de gagner un objet caché derrière une porte. Seulement il y a trois portes et il faut choisir la bonne, sous peine de repartir avec un lot de consolation.

Une fois la porte choisie, au lieu de l'ouvrir pour vérifier si on a gagné, une animatrice propose une aide. Elle ouvre une des deux autres portes, derrière laquelle ne se trouve rien, et offre de modifier le choix initial. La question est alors la suivante : a-t-on intérêt à rester sur son choix initial ou faut-il plutôt en changer ?

Il y a un dilemme psychologique : changer, en risquant de perdre ce que l'on avait gagné en devinant juste, est difficile à supporter et on peut avoir envie de résister à la tentation.

Mais au fait pourquoi refuser une aide quand elle se présente ? Par méfiance ? Pour montrer sa force de caractère ? Et pourtant il s'agit ici d'une information supplémentaire car maintenant on sait que derrière la porte ouverte par l'animatrice il n'y a rien. Et voilà qu'il ne faudrait pas en tenir compte ? Ne pas se servir d'une information supplémentaire ? Quelle arrogance, vous ne trouvez pas ?

Voici comment s'en sortir, en se rappelant que les erreurs sont nos amies. Changer d'idée, c'est changer le bon choix en mauvais choix mais c'est aussi changer un mauvais choix en bon choix ! Autrement dit en changeant d'idée, on intervertit les chances entre « trouver l'objet » et ne pas le trouver. Or, initialement, il était plus facile de se tromper, n'est-ce pas ? Il faut donc changer d'idée ! Inutile de faire le calcul pour s'en convaincre, mais en voici le résultat : on gagne une fois sur trois si on se montre têtu et deux fois sur trois sinon.

Disons-le tout net, ceux qui organisent un tel jeu veulent vous faire gagner deux fois sur trois, et s'amusent à voir que certains ne saisissent pas leur chance.

2 - Quitte ou double ?

Voici un jeu similaire où l'on propose de gagner un chèque glissé dans une enveloppe fermée. L'animateur précise que dans une des enveloppes se trouve une certaine somme, mais dans l'autre se trouve le double de cette somme ! Pour autant aucune somme n'est révélée.

Une fois le choix opéré, l'enveloppe est ouverte. S'y trouvent 1 000 € ! L'animateur intervient alors et propose de changer, définitivement, de choix. A-t-on intérêt à changer d'idée ?

Voici un raisonnement : dans l'autre enveloppe se trouve soit 500 €, soit 2 000 € puisque l'une des enveloppes contient le double de ce que contient l'autre. On peut donc espérer gagner une fois sur deux chacune de ces sommes soit, en moyenne, 1 250 € puisque $\frac{1}{2}(500+2000)=1250$.

Par conséquent il faut changer d'enveloppe !

Mais, un moment ! L'animateur a-t-il donné une nouvelle information ? Non.

Ce raisonnement aurait pu être mené avant même d'ouvrir l'enveloppe. On aurait conclu que, quelle que soit l'enveloppe que l'on choisit, on a intérêt à prendre l'autre, sans aucun apport d'information !

En fait ce raisonnement montre que l'on ne sait pas assez de choses pour pouvoir en déduire quoi que ce soit : on ne peut mener aucun calcul de probabilités dans cette situation car le hasard n'y est pas assez modélisé. Il faut donc s'en remettre à la chance ou à l'intuition. Sur quoi fonder cette intuition ? Sur un a priori : est-il plus probable que le jeu offre 500 € et 1 000 € ou bien 1 000 € et 2 000 € ? C'est certainement lié à d'autres paramètres comme l'audience, l'organisateur, etc. Le paradoxe est lié au phé-

nomène suivant : on a besoin de donner une probabilité différente aux sommes mises en jeu car on ne peut pas tirer au sort de façon équiprobable un nombre entier arbitraire. On pourrait fixer par exemple un maximum à la somme mise en jeu, afin de situer ce qu'on a tiré par rapport à ce maximum.

3 - DIS, C'EST QUOI LE HASARD ?

L'exemple précédent montre que les raisonnements en probabilités doivent se fonder sur autre chose que l'intuition. C'est Andreï Kolmogorov qui a axiomatisé, en 1933, la théorie, défini la notion de hasard au sens mathématique et permis des calculs objectifs. Pour cela on doit pouvoir fixer un ensemble d'événements et leur associer une probabilité de réalisation. Si elle est nulle, l'événement ne peut pas se produire (on dit aussi qu'il est impossible), si elle vaut 1, l'événement est certain et dans les autres cas, c'est un nombre compris entre 0 et 1, très souvent exprimé comme un pourcentage ou une fraction comme $\frac{3}{7}$ (trois chances sur sept). L'axiomatique nécessite l'existence d'un événement certain, autrement dit qu'on a bien accès à toutes les éventualités possibles et il faut prendre garde que les calculs ne sont pertinents que dans le cadre énoncé par Kolmogorov.

Dans le premier jeu, le cadre, que l'on appelle univers en maths, est formé de trois éventualités : 1, 2 et 3, à savoir « l'objet est derrière la porte 1 », etc. On assigne à chacune de ces éventualités la probabilité « une chance sur trois » ou $\frac{1}{3}$. Si l'on choisit la porte 1, on a donc une chance sur trois de gagner. Les règles de Kolmogorov disent aussi que la probabilité que l'objet ne soit pas derrière la porte 1 se calcule des deux façons équivalentes suivantes : $1-\frac{1}{3}$, ce qui représente la probabilité de l'éventualité complémentaire de celle étudiée, ou bien $\frac{2}{3}$, ce qui représente la somme des probabilités des éventualités 2 et 3 car on sait que parmi 1, 2 et 3 une et exactement une éventualité est réalisée. L'événement certain est « 1 ou 2 ou 3 », appelé événement réunion des trois éventualités 1, 2 et 3.

Dans le second jeu, il est difficile de définir un cadre et c'est là le nœud du problème. On pourrait raisonner sur les sommes mises en jeu, disons en désignant la somme S la plus basse mise sous enveloppe en euro entiers. On aurait ainsi une infinité d'éventualités, à savoir 1 €, 2 €, 3 €, 4 €, etc. Si l'on souhaite modéliser qu'on ne sait rien de particulier sur l'éventualité qu'une somme soit mise en jeu par rapport à une autre, on cherche, tout comme dans le premier jeu, à ce que toutes les éventualités aient la même probabilité, par exemple 10 % (une chance sur dix). L'axiomatique de Kolmogorov dit que la probabilité d'une réunion d'éventualités qui ne peuvent pas survenir en même temps (on dit « deux à deux incompatibles ») est la somme des probabilités de ces éventualités. Elle permet donc d'affirmer que la probabilité que la somme la plus basse soit parmi les sommes de 1 € à 15 € est la somme de quinze fois $\frac{1}{10}$, ce qui est strictement supérieur au maximum autorisé pour une probabilité, à savoir 1. En fait quelle que soit la probabilité (non nulle) que l'on assigne aux éventualités, en prenant une réunion assez grande d'éventualités, on trouvera une probabilité strictement supérieure à 1.

La morale est qu'il est impossible d'avoir à la fois une infinité d'éventualités deux à deux incompatibles et qu'elles aient toutes la même probabilité non nulle. Or c'est précisément ce que notre intuition voudrait obtenir : quand on ne sait rien on assigne la même probabilité à tous les événements. On parle d'équiprobabilité.

Il y a deux façons de lever le paradoxe : garder l'équiprobabilité mais restreindre le nombre d'éventualités. Par exemple pour que le jeu attire du public mais que les sommes soient raisonnables on peut lancer l'idée que la somme S est comprise entre 1 000 € et 5 000 €, par paliers de 100 €. Cela donne 41 éventualités élémentaires, chacune avec probabilité $\frac{1}{41}$. On peut alors décider quand changer d'enveloppe. Si on tire 2 500 € ou moins, le raisonnement effectué lors de la présentation du paradoxe s'applique et il faut changer d'enveloppe, sinon il ne s'applique pas car l'enveloppe qu'on a tirée est forcément celle avec la plus grosse somme et il faut donc garder ce que l'on a !

L'autre façon est de se débarrasser de l'équiprobabilité. Par exemple 1 000 € avec probabilité $\frac{1}{2}$, 2 000 € avec probabilité $\frac{1}{4}$, 3 000 € avec probabilité $\frac{1}{8}$, etc. Concrètement on choisit la somme S en lançant une pièce autant que nécessaire pour obtenir un « pile ». Si on a dû la lancer cinq fois, alors S vaudra 5 000 €. Si on a obtenu un « pile » du premier coup, alors S vaut 1 000 €, etc.

4 - Fille ou garçon ?

Il est important de comprendre ce que permet l'axiomatique de Kolmogorov et ce qu'elle ne permet pas et surtout ce qu'elle présuppose sur les phénomènes modélisés. Prenons par exemple la question du sexe d'une personne que l'on ne connaît pas. Si l'on n'y réfléchit pas, on adoptera un univers composé de « Fille » et « Garçon » chacun arrivant avec probabilité $\frac{1}{2}$. Mais la réalité est souvent plus complexe. D'une part il n'est pas évident que l'on soit en présence d'un phénomène équiprobable, que ce soit pour des raisons biologiques ou culturelles, d'autre part la nature est ainsi faite que la dichotomie fille/garçon ne décrit pas l'entière réalité. En fait dès que l'on touche aux sciences de la vie, les mathématiques ont une tendance simplificatrice, voire normative. Mais c'est vrai également ailleurs : peut-on réellement modéliser le jeu de Pile ou Face avec des probabilités égales à $\frac{1}{2}$?

Quoiqu'il en soit, avec ce modèle simplificateur, que dire du sexe de l'autre enfant d'un couple dont ne sait que deux choses : le couple a deux enfants et c'est une fille qui vient d'ouvrir la porte ? Est-ce différent si l'on sait que l'un des deux enfants est un bébé ?

C'est la question de la probabilité conditionnelle ou de l'indiscernabilité. Dans le second cas, puisque la fille qui ouvre n'est pas le bébé, on se pose la question du sexe de ce dernier et on a supposé que la réponse est équiprobable entre fille et garçon. Mais dans le premier cas l'univers doit tenir compte des deux enfants. Par hypothèse d'équiprobabilité sur le sexe du second enfant, il y a autant de couples ayant deux enfants de même sexe que le contraire. Toujours par équiprobabilité parmi les couples ayant deux enfants de même sexe, il y en a autant qui ont deux garçons, que deux filles. Donc il y a deux fois plus de couples ayant deux enfants de sexe différent que de couples ayant deux filles. Et il y a donc deux fois plus de chances que le second enfant soit un garçon, et non une fille : deux chances sur trois pour un garçon et une chance sur trois pour une fille.

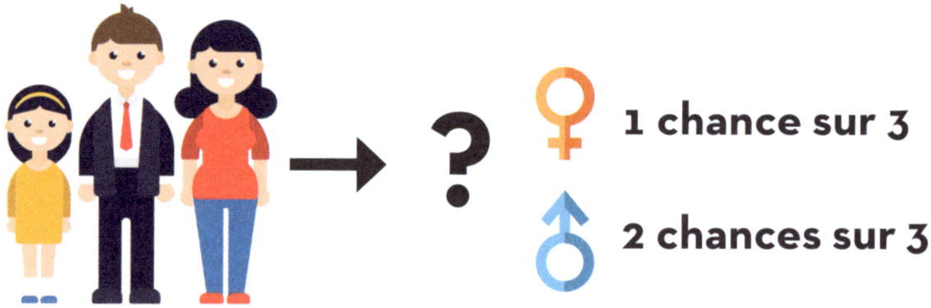

5 - Choisis ta couleur !

Nous allons maintenant jouer à une marelle spéciale où Gauche/Droite va remplacer Fille/Garçon et Pile/Face. On part de la Terre et on monte au Ciel à 45°, soit sur la gauche, soit sur la droite, de façon équiprobable. On effectue quatre pas, de sorte qu'il y a cinq endroits sur lesquels on peut arriver, que l'on colorie de cinq couleurs différentes.

Le jeu se joue par équipe de cinq. Chaque membre de l'équipe choisit une couleur différente. Son but est d'atteindre sa couleur en tirant sa direction au hasard, de façon équiprobable, à chaque pas. S'il y parvient, l'équipe marque 1 point. Un tour de jeu consiste en une tentative de chacun(e) de ses membres.

Au premier pas, il y a deux possibilités que l'on appellera G et D. Elles sont équiprobables. Pour le point d'arrivée après deux pas, le chemin depuis la Terre peut prendre quatre formes équiprobables : GG, GD, DG et DD. Mais il faut noter que GD et DG amènent au même endroit : c'est la remarque que l'on a faite pour le sexe des enfants ! On a une chance sur deux de faire deux pas dans des directions différentes, et une chance sur quatre de faire deux pas dans une même direction donnée.

Avec quatre pas, on constate qu'il y a un seul chemin qui mène à chacune des couleurs extrêmes : le rouge s'atteint avec GGGG et le noir avec DDDD. Le vert admet plus de chemins : tous ceux qui ont autant de pas à gauche que de pas à droite. Il y en a six : GGDD, GDGD, GDDG, DGGD, DGDG, DDGG. Le jaune et le bleu s'atteignent avec quatre chemins chacun. Il y a donc seize chemins en tout et les cinq couleurs s'atteignent une, quatre ou six fois sur seize, de sorte que si l'on joue, disons, seize fois de suite, en général deux des membres gagneront une fois, un gagnera six fois et les deux autres quatre. En tout l'équipe aura gagné 16 points, soit une moyenne de 1 point par jeu. Le jeu n'est donc pas équiprobable pour les membres, mais sur un tour de jeu l'équipe marque en général 1 point. Plus précisément dans plus de 95 % des cas elle marque entre 0 et 2 points : 0 point dans 30,90 % des cas, 1 point dans 43,26 % des cas et 2 points dans 21,15 % des cas.

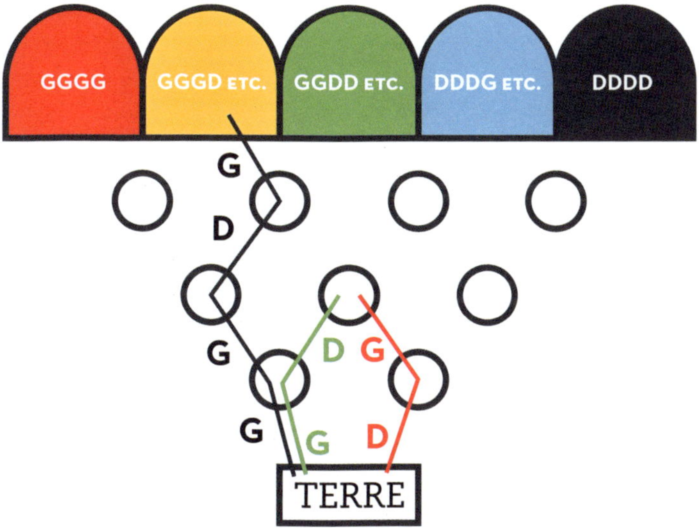

6 - ON NE PRÊTE QU'AUX RICHES !

Transformons un peu le jeu. On offre au début du tour un joker à l'équipe. Elle doit décider à qui le confier et une fois attribué le joker ne pourra plus changer de main. Le membre qui le possède aura le droit lors d'un de ses quatre tirages au sort de décider, après le tirage, s'il effectue son déplacement comme en a décidé le sort ou s'il opte pour l'autre direction.

Alors à qui attribuer le joker ? Il est tentant de le donner au rouge ou au noir afin de leur donner un peu plus de chances de gagner. Ce choix peut sembler juste ! Mais ce serait oublier l'objectif du jeu.

En jouant, on parcourt la marelle suivant un certain chemin. Utiliser un joker permet d'effectuer une bifurcation, et une seule, et donc de suivre un autre chemin amenant à une case du ciel adjacente à celle où l'on aurait pu arriver sans joker. Cela revient donc à gagner avec sa propre couleur ou avec celles de ses voisin(e)s : rouge devient gagnant avec rouge et jaune, passant d'une probabilité de gain de $\frac{1}{16}$ à $\frac{1}{16}+\frac{4}{16}$, soit $\frac{5}{16}$; de même jaune devient gagnant avec rouge, jaune et vert soit un passage de $\frac{4}{16}$ à $\frac{1}{16}+\frac{4}{16}+\frac{6}{16}$, à savoir $\frac{11}{16}$. L'important pour l'équipe est le surplus de chances de gagner, ce surplus est mesuré par la somme des probabilités de gain des couleurs voisines. Cela donne, dans l'ordre : 4, 7, 8, 7 ou 4 chances sur 16 supplémentaires de gain.

Il ne faut donc pas chercher à ce que le jeu soit plus juste pour chacun des membres, mais au contraire « donner au plus riche ».

7 - UN PEU DE JUSTICE ?

Transformons encore le jeu. Jusqu'à maintenant le jeu rapportait des points. On aurait pu mettre comme enjeu des boîtes de chocolat, le plus simple étant qu'il y ait un nombre de chocolats divisible par cinq, pour qu'on puisse faire des parts égales.

Toutefois que se passe-t-il si, au lieu de donner la boîte de chocolat à l'équipe, on la donne à la personne qui réussit son défi ? Le jeu devient individuel, à ceci près que le joker est toujours attribué collectivement. La solution « raisonnable » est de faire comme précédemment et de demander à chaque membre de s'en-

COULEUR						MOYENNE
Chances de gain (sur 16)	1	4	6	4	1	3,2
1 JOKER	1	4	14	4	1	4,8
2 JOKERS	1	11	14	4	1	6,2
3 JOKERS	1	11	14	11	1	7,6
7 JOKERS	5	15	14	15	5	10,8
9 JOKERS	11	15	14	15	11	13,2
11 JOKERS	15	15	14	15	15	14,8
12 JOKERS	15	15	16	15	15	15,2
16 JOKERS	16	16	16	16	16	16

gager à partager. Ceci présuppose un sens de l'engagement car en jouant en solo le vert gagne plus qu'en partageant : en moyenne 3 huitièmes d'une boîte de chocolats (soit 37,5 %) en solo contre 20 % si l'équipe partage en cinq parts égales son butin moyen, qui est une boîte de chocolats. Et, c'est aussi le cas pour jaune et bleu avec 25 % en jouant en solo : l'intérêt individuel s'oppose ici à l'intérêt collectif.

Peut-on réconcilier intérêt collectif, justice et intérêt individuel ? Une façon d'y parvenir est de distribuer plusieurs jokers. Avec la méthode développée précédemment, on peut analyser ce que donnent un ou plusieurs jokers comme surplus de chances (sur 16) de gain. Vert en gagne successivement 8 puis 2, et ensuite les jokers ne lui servent à rien. Bleu et jaune en gagnent 7, puis 4, puis 1 et ça s'arrête. Rouge et noir en gagnent 4, 6, 4 et 1 successivement. On obtient donc les attributions indiquées sur le tableau ci-dessus.

À partir de deux jokers, tout le monde a intérêt à jouer en équipe. Par contre, pour arriver à ce que chacun(e) ait la même chance de gain, il faut mettre en jeu seize jokers et donc donner la certitude de gain à tout le monde !

8 - Bourses au mérite... vraiment ?

La « marelle » que nous venons d'étudier peut s'interpréter dans d'autres contextes. Par exemple les couleurs, et leurs probabilités, peuvent correspondre aux facilités relatives de différentes personnes pour poursuivre des études ou s'engager dans un métier. Les jokers représentent alors une aide extérieure : une bourse par exemple.

Bien entendu les parcours deviennent alors des expériences de pensées, faites au moment de la décision de s'engager dans tel ou tel secteur. Les probabilités de chacun(e) variant suivant le secteur, vaut-il mieux faire en sorte que tout le monde ait suffisamment d'aide pour réussir dans un secteur donné ou au contraire donner à chacun(e) les moyens de réussir dans le secteur de son choix ?

Les décisions, notamment en matière d'éducation, sont complexes et mettent en jeu de nombreux critères. Dans certains domaines, on a envie qu'il y ait un seuil minimal que tout le monde doit atteindre : lire, écrire, compter ... et cette liste a une propension à s'allonger au fur et à mesure que le monde évolue. Dans d'autres domaines, on a besoin de spécialistes. Mais les aides (jokers) ne sont pas inépuisables et il faut faire des choix. La qualité du service public, notamment en matière d'éducation et de santé, reste un moyen important de répartir les jokers uniformément.

Mais il y a une petite leçon que l'on peut tirer de cette mise en scène : quels que soient les choix opérés, et quand bien même la personne qui a reçu une aide l'aurait méritée (disons qu'elle avait un dossard vert !), l'attribution d'un joker reste une faveur et il faut savoir s'en souvenir : personne ne peut proclamer s'être fait tout(e) seul(e).

9 - Et vu de loin, c'est comment ?

La « marelle » peut également s'étudier avec une autre généralité en changeant la taille de l'équipe, tout en gardant une couleur par personne. Par exemple avec 10 000 personnes. Les résultats de théorie des probabilités qui s'attachent aux phénomènes de ce type, comme la loi des grands nombres et le théorème central limite permettent de dire qu'en général on arrive à l'endroit qui est au bout du plus grand nombre de chemins, c'est-à-dire au centre. Pour autant, on n'arrive que rarement exactement au centre. L'incertitude est de l'ordre de 100, à savoir la racine carrée de 10 000. Ceci veut dire que pour être presque assuré(e) d'arriver au centre, il faut environ 100 jokers ! Bien évidemment, c'est encore plus difficile pour les autres personnes de l'équipe, notamment celles des extrémités qui n'ont virtuellement aucune chance d'y parvenir !

Et si le tirage au sort n'est pas équitable entre gauche et droite (on dit « biaisé ») ? On peut par exemple poser une question comme lors d'un sondage d'opinion et aller vers la droite si l'opinion est favorable et à gauche sinon. Où atterrit-on si on pose successivement les questions à un panel aléatoire de personnes ? Pour y voir quelque chose, il est préférable de « changer d'échelle », de regarder la marelle de loin. Si on fait en sorte que les cases du « ciel » soient dessinées le long d'un trait de longueur 1m, même s'il y a 10 000 cases, le chemin suivi avec les réponses au sondage arrive généralement au point qui coupe le trait exactement à la proportion correspondant au pourcentage d'opinions favorables. Si 17 % de gens sont favorables, le chemin atterrit à peu près à 17 cm du bord gauche. C'est la loi des grands nombres.

Et pourquoi à peu près ? Le théorème central sur les limites en théorie des probabilités affirme qu'on arrive dans un intervalle centré autour de ces 17 %, de longueur explicite variant comme l'inverse de la racine carrée du nombre de sondé(e)s, et ce 95 %

du temps. Il y a deux choses difficiles à comprendre : la longueur de l'intervalle dépend principalement du nombre de sondé(e)s et non pas du pourcentage d'opinions favorables et il arrive qu'on n'ait pas de chance et que le chemin dévie. Après tout, même les dossards rouge et noir ont le droit de gagner, parfois !

10 - UNE CHANCE SUR DEUX… EXACTEMENT ?

Même dans le cas d'une pièce équilibrée, que veut dire que la proportion de *pile* et de *face* se rapproche de $\frac{1}{2}$ quand on augmente indéfiniment le nombre de lancers ? Est-ce à dire que le nombre de lancers d'un côté ou de l'autre est en moyenne identique ?

Oui, et non ! Notons P et F ces quantités. Les deux assertions $P = F$ et $P/F = 1$ semblent être deux façons différentes de décrire la même chose. Et pourtant, quand on étudie l'assertion $P = F$, on se rend compte qu'elle est le plus souvent fausse et cela conduit à la très contre-intuitive loi de l'arcsinus : à la suite d'une série de lancers, la quantité P-F prend différentes valeurs et on note M son maximum ; la valeur de M la plus probable est 0, autrement dit la chose la plus probable est que P soit toujours inférieur à F ! On peut d'ailleurs faire l'expérience à la maison lors d'un (grand) repas de famille : chacun(e) tire une pièce et s'arrête dès que sont obtenus autant de *pile* que de *face*. La moitié va s'arrêter tout de suite et trouver le jeu idiot. Mais certain(e)s y seront encore à la fin du repas !

Par contre si on étudie l'assertion $P/F = 1$, on s'oriente vers la loi des grands nombres, à savoir que P/F tend vers 1 au fur et à mesure que le nombre de lancers augmente ; autrement dit l'assertion $P/F = 1$ est asymptotiquement correcte, alors que l'assertion $P\text{-}F = 0$ est presque toujours fausse. En résumé un sondage ne donne jamais la bonne valeur, mais c'est le mieux que l'on puisse faire étant donné l'étendue de notre ignorance. Mieux ! On peut quantifier notre ignorance grâce aux probabilités.

11 - INCROYABLES COÏNCIDENCES !

Plutôt qu'un sondage d'opinion, intéressons-nous maintenant à un événement aléatoire, comme la date d'anniversaire. La probabilité, en croisant quelqu'un dans la rue, que vous ayez tou(te)s deux la même est, disons, d'environ 0,3 %. Autant dire presque rien. Et on peut penser qu'il faut réunir pas mal de monde pour trouver quelqu'un qui ait effectivement la même. De l'ordre de 365, et encore.

Le paradoxe des anniversaires est que, pourtant, les «jumeaux» sont assez fréquents ! Imaginons un grand hall de réception avec une grande table circulaire et une place par jour de l'année. On fait entrer des gens, chacun allant à la place correspondant à sa date d'anniversaire. Question : à partir de quand devra-t-on refuser des gens ? Cent personnes ? Deux cents ?

La réponse est connue de tou(te)s les profs et parents d'enfants scolarisés : une fois sur deux, c'est de l'ordre de 23 ! Cela veut dire que si 23 personnes tentent d'aller à la réception, une fois sur deux l'une d'entre elles verra sa place déjà occupée ! Mieux encore : si 57 personnes font l'expérience, là c'est une fois sur cent, seulement, qu'ils pourront entrer.

Pour le calculer, il faut se souvenir que le 0,3 % de départ indique, dans ce contexte, que la deuxième personne à tenter d'entrer peut le faire avec probabilité 99,7 %. Mais une fois qu'elle est entrée, il y a deux chaises de prises et non une seule. La suivante a maintenant deux fois plus de chance de trouver un « jumeau », soit 0,6 % environ, et donc 99,4 % de chances d'entrer. De plus la probabilité pour que les deux personnes, en sus de la première, puissent entrer toutes les deux est donc de 99,7 %x99,4 %, soit 99,2 %. La probabilité avec n personnes s'exprime comme un produit et, comme tout produit, s'estime grâce à un logarithme qui comme son nom l'indique, transforme les produits en sommes. On obtient que la probabilité que n personnes puissent entrer vaut environ $\exp(-0{,}001 \cdot n^2)$, ce qui est très vite très petit (exponentiellement rapidement !).

12 - TESTS ADN

Plutôt que l'anecdote des dates d'anniversaire, choisissons un phénomène plus diversifié : le code ADN. Chaque être humain a le sien, mais des tests ont été développés dans le cadre des enquêtes criminelles et ceux-ci ne vérifient (évidemment) pas tout le code ADN : il faut 1 giga-octet pour stocker l'information contenue dans une cellule humaine ! De plus, par opposition à l'identification par ADN, le test ADN a le devoir de ne pas se faire sur des parties codantes de l'ADN afin que, justement, on ne puisse rien savoir a priori sur l'échantillon testé : race, couleur des yeux, etc. Il en va de la présomption d'innocence.

Dans ce cadre on a bien affaire à un test, comme pour les anniversaires, mais avec cette fois une probabilité infime de trouver une personne « jumelle ». Le paradoxe des anniversaires que l'on vient de rencontrer se traduit ici plutôt en termes d'erreurs judiciaires : il dit que si on a une chance sur un million (on posera $n = 1\,000\,000$) d'avoir un profil ADN identique à un autre et si le fichier contient mille personnes (on posera $k = 1\,000$), alors la probabilité pour que tous les profils soient différents est de l'ordre de $\exp(-k^2/2n)$, , ce qui fait 60 % environ. On l'obtient ainsi : la probabilité exacte est donnée par la formule

$$\left(1-\frac{1}{1000000}\right)\times\left(1-\frac{2}{1000000}\right)\times\cdots\times\left(1-\frac{999}{1000000}\right)$$

dont l'opposé du logarithme vaut à peu près

$$\frac{1}{1000000}(1+2+\ldots+999)$$

d'après l'estimation du logarithme donnée par

$$\ln(1+x)\approx x\,.$$

Cette dernière somme se calcule en remarquant $1 + 999 = 1\,000$, $2 + 998 = 1\,000$, etc. comme on le précisera au prochain chapitre.

On a donc 40 % de chances d'avoir des profils identiques et donc de commettre une erreur judiciaire en se contentant « d'appuyer sur un bouton » pour identifier un(e) criminel(le). Pire ! Plus on fait grandir le fichier d'empreintes génétiques, plus ce risque augmente (on fait augmenter k). Et même si le test est très fiable (selon la qualité des prélèvements, on peut prendre pour n entre un et plusieurs milliers de milliards), l'important est de comparer le nombre de personnes à la racine carrée de n qui a donc moitié moins de chiffres : entre 30 000 et quelques millions. Il serait donc dangereux de ficher toute la population sans se poser de question !

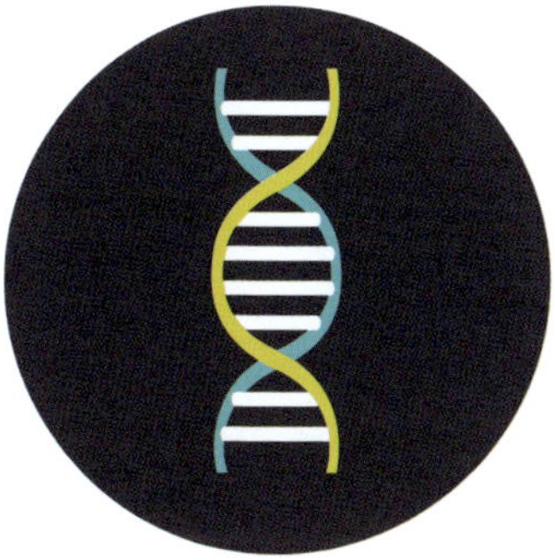

13 - Jouer la justice aux dés ?

Le paradoxe des anniversaires est une sorte de renversement de certitudes : autant on est certain(e) que deux personnes prises au hasard n'ont pas la même empreinte génétique, autant on est certain(e) que si le fichier est grand (mais grand seulement comme la racine carrée de n) alors il s'y trouvera des doublons !

Il y a, dans le sens commun, un autre renversement de certitudes, mais celui-là est fallacieux et est connu sous le nom de *Sophisme du procureur*. Il consiste à confondre (ou à amener autrui à confondre) la probabilité qu'un événement survienne et la probabilité qu'on n'en soit pas la cause.

Le 9 novembre 1999, au Royaume-Uni, Sally Clark fut accusée d'avoir tué ses deux enfants Christopher, âgé de 11 semaines, le 13 décembre 1996, et Harry, âgé de 8 semaines, le 26 janvier 1998. Les morts restèrent inexpliquées et pourraient être des MSN (mort subite du nourrisson). L'argument utilisé par un des experts du procureur, le Pr. Meadows, est le suivant : « *La probabilité que les deux nourrissons soient morts d'une MSN est très très faible, 1 chance sur 73 millions. C'est comme si un outsider côté à 80 contre 1 gagnait 4 années de suite le Grand Prix national.* ». L'argument fit mouche, les jurés entendirent : *elle a 1 chance sur 73 millions d'être innocente* ...

Et pourtant, il ne faut pas confondre « *il y a une chance sur 73 millions qu'un double décès naturel survienne* » avec « *dans le cas d'un double décès, il y a une chance sur 73 millions qu'il soit naturel* ». Un simple argument de bon sens permet de réduire l'argument à néant : combien y a-t-il de « chances » qu'un parent tue un de ses enfants (et récidive) ? Fort heureusement, très peu. En fait, encore moins qu'une MSN ! Pour comparer les deux hypothèses (double assassinat et double MSN), il faut utiliser des probabilités conditionnelles, notamment la formule de Bayes qui permet de calculer la probabilité d'un événement en connaissant les probabilités des conséquences de cet événement. Au final, si on pense qu'il n'y a que ces deux hypothèses, en utilisant qu'elles sont mutuellement exclusives, on obtient une estimation de probabilité d'innocence d'environ $\frac{2}{3}$! On est loin des millions.

Et avec une telle estimation, on ne peut rien faire dire aux statistiques, sinon qu'il faudrait en savoir plus pour élucider ces morts. Pour l'histoire, Sally Clark a été libérée après deux appels, suite à des actions menées par la Royal Statistical Society. Mais elle est morte quelques années plus tard, après avoir sombré dans l'alcoolisme : difficile de se remettre de trois ans de prison et de deux morts.

14 - C'est rare... sauf dans certains cas !

Pour élucider cette question liée aux probabilités conditionnelles, il faut préciser un peu le cadre général que l'on s'est fixé. Quand on tire un dé et qu'on ne sait rien dessus, on imagine que les six résultats sont possibles, et qu'ils sont équiprobables.

Que dire maintenant si on a des informations supplémentaires ? Comme dans le cas de la porte à ouvrir, du sexe du second enfant ... cela change les raisonnements tout simplement parce que l'univers des possibles change !

Supposons que l'on lance trois dés, un vert, un bleu et un rouge. On nous dit que la somme fait 15, quelles sont les probabilités pour que le dé vert ait fait 6 ? Pour cela on ne peut pas faire comme si on ne savait rien. D'ailleurs, il est faux de dire qu'il y a une chance sur six que le dé vert soit tombé sur 1 : c'est tout simplement impossible de faire 14 avec les deux autres dés ! Si on représente les valeurs des trois dés sur trois axes, l'ensemble des valeurs possibles, a priori, forme un cube de côté 5 rempli de points régulièrement espacés (six par arête). Dire que la somme fait 15 restreint l'univers des possibles, ce n'est plus un cube, mais la tranche du cube que l'on obtient en le découpant perpendiculairement à l'une de ses grandes diagonales, à la hauteur correspondant à 15. On obtient cette fois-ci un triangle ! Ses pointes sont formées par les points de coordonnées (6,6,3), (6,3,6) et (3,6,6). Il s'agit d'un triangle équilatéral, avec quatre points par arête (les deux sommets plus deux autres) et un seul point au centre du triangle, correspondant à (5,5,5). Il y a dix points en tout, dont quatre indiquent que le dé vert est tombé sur 6, ce qui donne une probabilité de 40 %. On est loin de $\frac{1}{6}$!

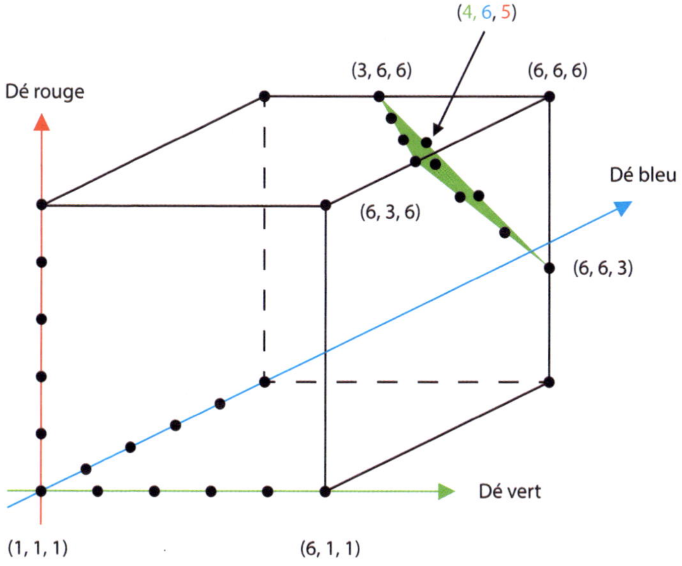

ALGÈBRE

INTRODUCTION

Dans ce chapitre, on va manipuler les premiers objets mathématiques que l'on rencontre : les nombres. Tout d'abord, nous allons les regarder : sans mots, nous allons calculer !

Ensuite, on introduira le formalisme de l'algèbre. Au-delà des nombres naturels, nous allons construire les nombres relatifs, les nombres rationnels, les racines carrées, les nombres imaginaires, les nombres complexes. Il y a plusieurs façons d'aborder la question : les esprits les plus algébriques n'ont besoin de rien d'autre que des propriétés calculatoires de ces nombres ; les autres ont sans doute besoin d'être convaincu(e)s qu'ils existent !

Mais que veut dire exister pour un objet mathématique ? C'est souvent être accessible par la pensée. Un nombre doit représenter une action. Et si un nombre naturel représente immédiatement quelque chose, une quantité, les autres nombres correspondent à des façons de penser, à des actions particulières : soustraire, diviser, agrandir une surface, tourner d'un quart de tour, etc.

En fait en mathématiques, on trouve souvent le signe =. Il désigne un raccourci de pensée. Certes on écrit $2 + 2 = 4$ mais ce n'est pas pareil d'avoir deux balles dans une main et deux dans l'autre, que d'avoir quatre balles dans son sac. Henri Poincaré disait que faire des mathématiques, c'est donner le même nom à des choses différentes. Le signe égal, c'est aussi ça : oublier les différences et « faire comme si c'était pareil » !

Le signe =, tout comme le verbe sous-jacent, est trop souvent le seul verbe mathématique que l'on emploie. Il a donc acquis plusieurs sens, selon la façon dont il est utilisé. Une équation est, par nature, polysémique. Plutôt que de résoudre des équations, on peut s'en servir pour définir des nombres, en inventer de nouveaux ! Imaginer est une partie importante de l'activité mathématique.

1 - DESSINE-MOI UNE SOMME !

Pour commencer, nous allons faire un peu d'algèbre visuelle. Les mots sont presque inutiles.

La légende veut que Carl Friedrich Gauss, également surnommé le « prince des mathématiciens », ait calculé la somme des cent premiers entiers alors qu'il était encore à l'école primaire. Il s'agit donc de calculer : $1 + 2 + 3 + 4 + 5 + 6 +$... etc. jusqu'à 100. Voici la méthode qu'il a adoptée. On commence par regarder ce dessin :

L'escalier orange comporte autant de cases que la somme $1 + 2 + 3 + 4 + 5 + 6 + 7 + 8 + 9$. L'escalier jaune également puisque c'est le même retourné. À eux deux ils comportent donc le double de la somme en question, mais comme ils forment un rectangle de 9 cases par 10 cases, $1 + 2 + 3 + 4 + 5 + 6 + 7 + 8 + 9$ vaut donc la moitié de 9×10, soit 45 puisque $9 \times 10 = 90$ et $\frac{90}{2} = 45$.

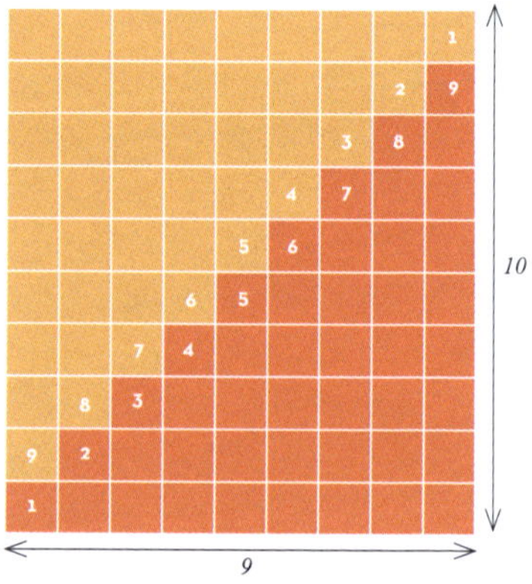

$2 \times (1 + 2 + 3 + 4 + 5 + 6 + 7 + 8 + 9)$
$= 9 \times 10$

Plus généralement la somme des x premiers entiers vaut la moitié de x fois $(x + 1)$. La réponse donnée par Gauss était donc

$$\frac{100 \times 101}{2}$$

Comme $\frac{100}{2} = 50 = 5 \times 10$, et que $5 \times 101 = 505$, on trouve 505×10, soit 5050.

Mais voici une autre façon de trouver la réponse, toujours sans mot !

Et voici comment la lire : il y a neuf rangées de billes jaunes (clair ou foncé) et donc en tout $1 + 2 + 3 + 4 + 5 + 6 + 7 + 8 + 9$ billes jaunes. Il y a dix billes beiges, une de plus que le nombre sur la ligne de billes jaunes la plus longue. Le choix d'une bille jaune équivaut à celui de deux billes beiges comme le montre l'exemple des billes foncées. On en déduit que la somme cherchée est égale au nombre de façons de choisir deux billes parmi les dix de la dernière rangée.

Or pour faire ce choix, on sélectionne une première bille beige (dix choix), puis une seconde (neuf choix). On obtient 90 possibilités, car $10 \times 9 = 90$. Mais on obtient tous les résultats en double : prendre la bille n° 3 puis la n° 6 donne la même sélection finale que de commencer par la n° 6 et de terminer par la n° 3. La moitié de 90 est 45, ce qui est la somme recherchée. En général on trouvera $(x + 1)$ multiplié par x et divisé par 2, comme avec les escaliers !

2 - Dessine-moi un carré !

Les méthodes précédentes sont basées sur des triangles. La première se base sur le fait qu'un triangle est la moitié d'un rectangle. Et si on réfléchit un peu la seconde aussi : pour choisir deux nombres entre 1 et 10 on dessine le carré 10×10, on lui retire sa diagonale (car on ne veut pas tirer deux fois la même bille) puis on ne garde qu'une des deux moitiés du carré.

Voici une façon de construire directement un carré, en prenant un nombre sur deux !

Cette fois la démonstration consiste à regarder 1 comme la surface du carré de côté 1, où on a posé une bille : $1 = 1$!

Ensuite on complète le carré 2×2 avec trois billes supplémentaires : $1 + 3 = 2 \times 2 = 4$!

Puis on complète le carré 3×3 avec cinq billes supplémentaires : $1 + 3 + 5 = 3 \times 3 = 9$!

Autrement dit la somme des n premiers nombres impairs vaut la surface d'un carré de côté n, c'est-à-dire *n au carré*. En effet nous l'avons démontré pour les trois premiers cas. Pour le démontrer en général, nous allons procéder par récurrence : on montre que si notre résultat est vrai pour la somme des n premiers nombres impairs, alors il encore vrai « au coup d'après », c'est-à-dire pour les $n + 1$ premiers nombres impairs. On dit que le résultat est héréditaire.

En effet si le résultat était en défaut, on pourrait considérer le plus petit rang, n, pour lequel il est en défaut. Alors au rang d'avant, $n - 1$, le résultat serait vrai. Mais d'après le résultat d'hérédité, il serait vrai pour le nombre qui suit $n - 1$, à savoir n. Or un résultat ne peut être à la fois vrai et faux, donc le résultat n'est jamais en défaut !

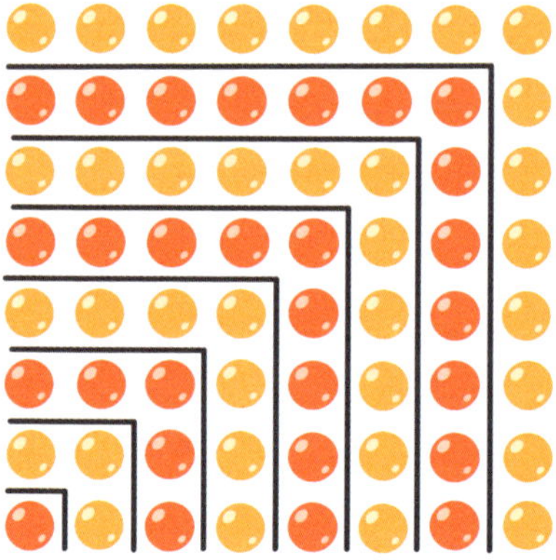

$1+3+5+7+9+11+13+15=8^2$

Démontrons donc l'hérédité : pour fabriquer un carré de côté $n+1$ à partir d'un autre de côté n, il faut rajouter une ligne de même longueur que le côté sur la droite, et une autre en haut, puis enfin rajouter un carré unité dans le coin en haut à droite. Au total on rajoute n billes, puis n autres, puis une dernière, soit $2n+1$ billes au total. Or $2n+1$ est bien l'entier impair suivant $2n-1$. Par exemple : si on sait que $1+3+5+7$ vaut 4×4 (quatre premiers nombres impairs, quatre au carré), on a $n=4$; le dernier nombre impair considéré est 7 et on a bien $7=2\times 4-1$; enfin on rajoute $4+4+1$, soit 9 pour obtenir 5×5 puisque $5\times 5=25=16+9=4\times 4+9$.

3 - Jouons avec des cubes !

En mathématiques, on aime généraliser. C'est Jakob Bernoulli qui a montré comment calculer les sommes d'entiers, de carrés, de cubes, etc., grâce aux nombres de Bernoulli. La famille Bernoulli, des Bâlois du XVIIe siècle, a donné beaucoup de scientifiques. Les plus connus sont Jakob et son frère Johann, ainsi que le fils de Johann, Daniel. Johann est également un ancêtre de Pierre Curie, et le professeur du mathématicien le plus prolixe de l'histoire : Leonhard Euler.

La formule la plus surprenante concerne la somme des cubes : il s'agit d'additionner la somme des volumes des cubes de côtés entiers successifs, soit $1\times 1\times 1+2\times 2\times 2+3\times 3\times 3+\ldots$ etc.

On trouve la surface d'un carré dont un côté vaut la somme des entiers consécutifs :

$$1\times 1\times 1+2\times 2\times 2+3\times 3\times 3+\cdots+N\times N\times N=(1+2+3+\cdots+N)\times(1+2+3+\cdots+N)$$

ou encore, en écriture mathématique,

$$1^3+2^3+3^3+\cdots+N^3=(1+2+3+\cdots+N)^2 .$$

Par exemple $1+8+27=6\times 6=36$ et $1+8+27+64+125=15\times 15=225$.

Pour le démontrer on empile des rangées successives formées de un carré de côté 1, deux carrés de côté 2, trois carrés de côté 3, etc. jusqu'à N carrés de côtés N. La surface d'un carré étant $N\times N$, la surface totale obtenue par ligne est $N\times N\times N$, et donc la surface totale de tous les carrés est la somme des cubes recherchée.

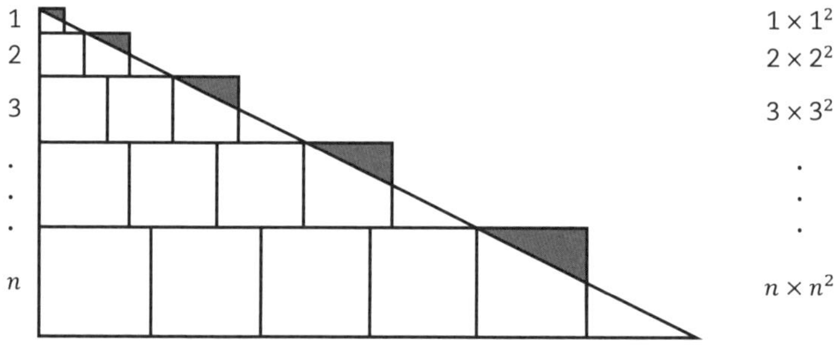

$n(n + 1)$

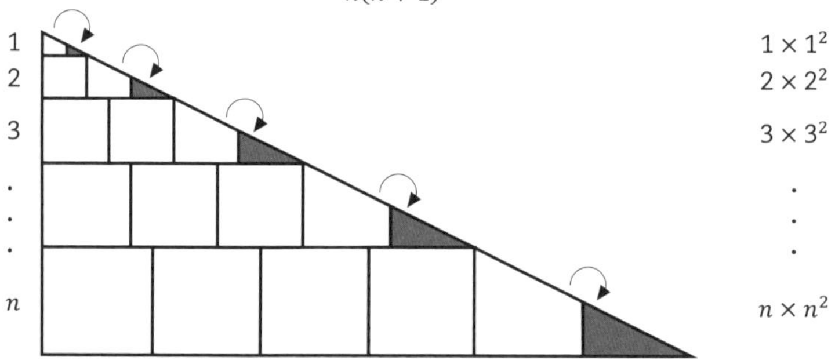

$n(n + 1)$

On trace une ligne joignant tous les coins supérieurs gauches des derniers carrés d'une ligne et on déplace les bouts qui dépassent comme sur la figure. Si la figure est correcte, on obtient alors un grand triangle dont la hauteur est de longueur $1 + 2 + 3 + ... + N$ et la base de longueur $N \times N + N$, soit $N \times (N + 1)$. Comme la surface d'un triangle est la moitié de celle d'un rectangle ayant les mêmes côtés au niveau de l'angle droit, sa surface est la moitié de celle du rectangle. On obtient donc la moitié de $(1 + 2 + 3 + ... + N) \times N \times (N + 1)$. Or on a vu que $N \times (N + 1)$ est le double de $1 + 2 + 3 + ... + N$ et donc on trouve bien la formule attendue pour la somme des cubes.

Reste à expliquer pourquoi la figure est correcte. La ligne passe par le milieu du côté droit du dernier carré. Par symétrie (ou le théorème de Thalès) elle dépasse donc de la longueur du dernier carré. Par exemple au niveau de la ligne des carrés de côté 3 : on a deux carrés complets et un carré coupé en deux avec une partie

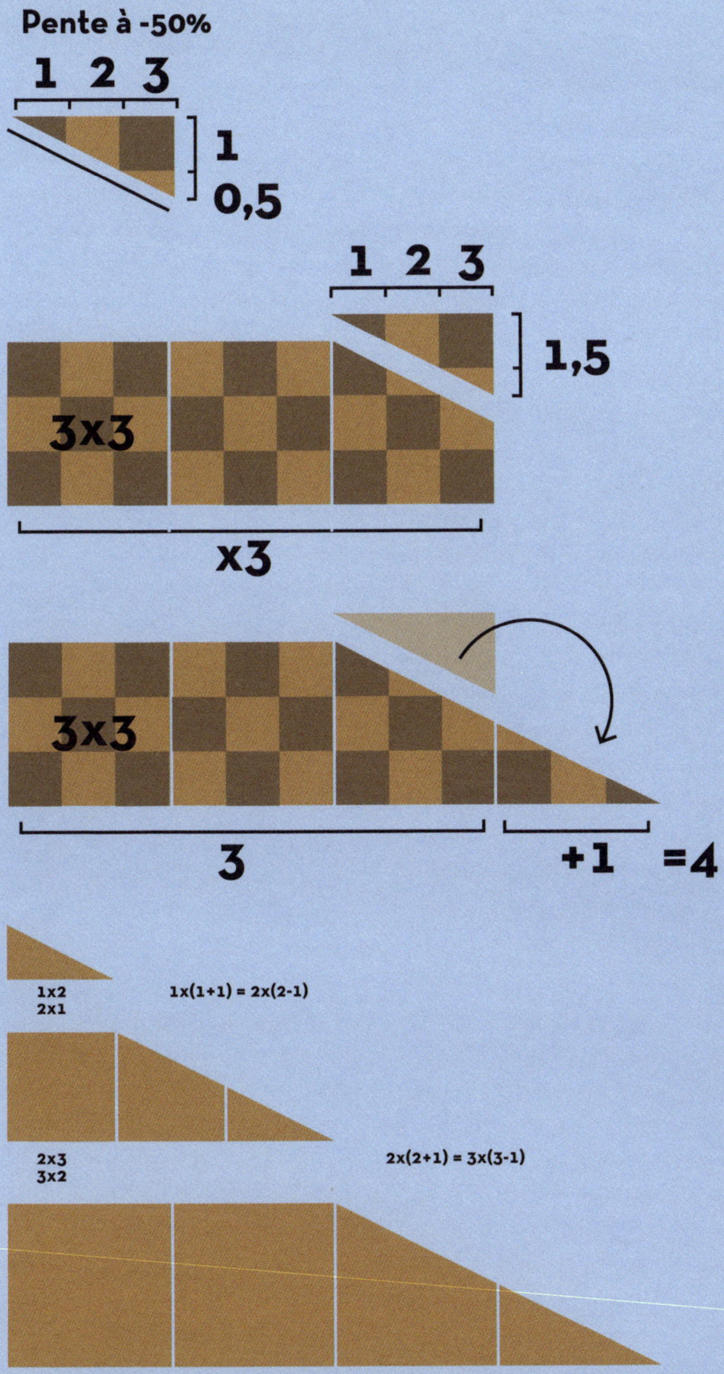
Pente à -50%
1 2 3
1
0,5
1 2 3
1,5
3x3
x3
3x3
3
+1
=4
1x2
2x1
1x(1+1) = 2x(2-1)
2x3
3x2
2x(2+1) = 3x(3-1)

triangulaire pivotée d'un demi-tour par rapport au milieu du côté droit. La ligne du haut mesure donc 6 : deux fois 3. Celle du bas mesure 12 : quatre fois 3.

Mais sur la ligne des carrés de côté 2, on obtiendra une ligne haute de longueur 2 : une fois 2, et une ligne basse de longueur 6 : trois fois 2. Comme $3 \times 2 = 2 \times 3$, les triangles s'ajustent suivant une ligne dont la pente est de -50 % : à chaque fois qu'on descend d'un carreau en hauteur, on avance de deux carreaux vers la droite.

4 - Réunir les parties brisées

Dès qu'on veut manipuler des expressions générales, il faut réussir à penser à certains objets comme faisant un tout. Il est fastidieux d'écrire toujours $1 + 2 + 3 + ... + N$. D'ailleurs la lettre N à elle toute seule est déjà souvent un obstacle. : elle permet de symboliser la succession des calculs de sommes suivante : 1, $1 + 2$, $1 + 2 + 3$, $1 + 2 + 3 + 4$ etc.

Une notation plus compacte, inventée par Leonhard Euler, est un S grec (sigma : Σ) abréviation de « somme » : on écrit par exemple $\sum_{k=1}^{N} k$ au lieu de $1 + 2 + 3 + \ldots + N$.

Les résultats que l'on vient de démontrer peuvent donc s'écrire :

$$\begin{aligned} \sum_{k=1}^{N} k &= \frac{N(N+1)}{2} \\ \sum_{k=1}^{N} (2k-1) &= N^2 \\ \sum_{k=1}^{N} k^3 &= \left(\sum_{k=1}^{N} k\right)^2 = \frac{N^2(N+1)^2}{4} \end{aligned}$$

C'est également très utile pour les démonstrations. L'hérédité de la propriété n° 2 s'écrit par exemple

$$(N+1)^2 = N^2 + N + N + 1 = N^2 + (2N+1) = N^2 + \big(2(N+1)-1\big).$$

Le mot algèbre vient de l'arabe *al jabr* qui signifie « réunion de parties brisées ». Il suggère des manipulations sur des parties (par opposition au tout) comme on peut le faire en manipulant des quantités de part et d'autre du signe égal dans une équation. Faire de l'algèbre, c'est avant tout cela : manipuler des objets mathématiques. En mathématiques comme ailleurs, on ne connaît bien un objet que quand on sait le transformer, et l'étape de manipulation est donc importante : pour se faire des amis des nombres, il faut jouer avec, faire des additions, des soustractions, etc. Même si tout est nombre, selon la philosophie de Pythagore, reste à savoir ce qu'est un nombre !

Certains nombres sont définis implicitement par une équation. Les équations ! Le grand mot est lancé ! Il ne faut pas en avoir peur, mais au contraire les apprivoiser. Pour cela, rien de tel que des dessins.

5 - Compte avec tes doigts !

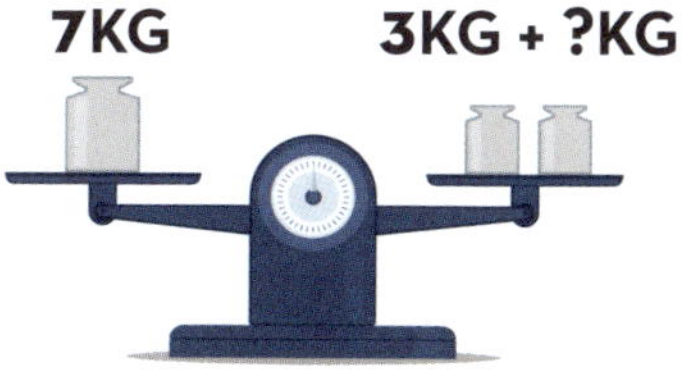

Les premiers nombres que l'on rencontre sont ceux que l'on utilise avec les doigts : 1, 2, 3, etc. On les appelle entiers naturels. L'ensemble $\mathbb{N}$ des entiers naturels contient aussi le nombre 0, qui dénote l'absence d'une quantité.

Les premières équations sont celles que l'on peut visualiser avec une balance et que l'on appelle additions à trou : combien faut-il rajouter à 4 pour obtenir 7 ? Pour répondre à cette question, les enfants surcomptent : en affichant 4 avec les doigts, on compte successivement 5, 6 et 7 et il faut donc surcompter trois fois. Mathématiquement l'équation s'écrit : $7 = 4 + x$ où la quantité inconnue est x.

On apprend au collège à soustraire des deux côtés pour transformer l'équation (c'est cela le sens de *al jabr*). Ici on soustrait 4 de chaque côté et on simplifie $4 - 4$ par 0 : $7 - 4 = 4 + x - 4 = x$ et on trouve $3 = x$. Mais en fait on pourrait juste se souvenir que la soustraction est l'action de surcompter !

Sur une balance à plateaux, on place un poids de 7 kg d'un côté et un de 4 kg de l'autre et la question est de savoir comment équilibrer la balance. Ce poids inconnu donne la réponse à la question : que vaut x si $7 = 4 + x$?

On prendra garde qu'une équation n'est pas à proprement parler une question. C'est une affirmation et la question implicite est souvent de faire en sorte qu'elle soit vraie.

6 - Additions... à trous

Si on prend l'habitude de noter le problème de la soustraction par les poids sur la balance, on pourra dire que le problème représenté par (7,4) admet comme solution 3. Le nombre 3 apparaît donc comme associé au couple de nombres (7,4). Il est en fait associé à plein d'autres couples : (8,5), (16,13), (1001, 998) etc. Se familiariser avec les nombres, c'est aussi être capable d'associer ces couples rapidement au nombre et réciproquement. Faire des additions par compléments, c'est se souvenir que (10,7) est associé à 3. Par exemple, pour calculer $43 + 19$, on peut procéder ainsi :

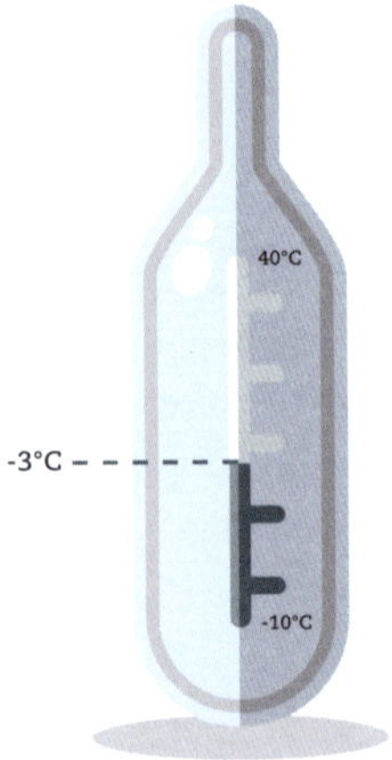

$$43 + 19 = 43 + (7 + 12) = (43 + 7) + 12 = 50 + 12 = 50 + 10 + 2 = 62 .$$

Parce qu'on sait que pour simplifier le 3 de 43, il suffit de surcompter 7 fois, on décompose 19 avec un 7. C'est facile parce que 9 est supérieur à 7 et on écrit de suite $19 = 12 + 7$. Après il ne reste qu'à additionner les dizaines entre elles et les unités entre elles.

Il est donc utile d'associer des nombres aux couples de nombres. Un endroit où apparaissent souvent de tels couples est le relevé de compte en banque ! Avec une colonne pour les crédits et une pour les débits. On crée alors (pas trop souvent, on l'espère) de nouveaux nombres : par exemple celui associé à (200, 500). En langage bancaire on dit qu'on est à découvert de 300, mais mathématiquement on écrit ce nombre -300. Le signe - est problématique : il est le symbole à la fois de la soustraction et un indicateur des nombres dits négatifs, c'est-à-dire associés aux débits. La raison est que -300 est un raccourci pour $0 - 300$, c'est-à-dire (0,300).

Si, pendant très longtemps, les nombres négatifs n'ont pas eu droit de cité, c'est qu'on les imaginait associés à des grandeurs. Effectivement un bateau de -3 mètres de long, ça n'a pas de sens. Mais il faut penser les nombres comme des transformations : un bateau de 3 mètres de long de moins qu'un autre, cela a bien un sens. On utilise ces nombres pour compter, *zahlen* en allemand, et on note $\mathbb{Z}$ l'ensemble formé de 0, 1, 2, etc. mais aussi -1, -2, etc.

7 - PRODUITS EN CROIX... ET LA BANNIÈRE ?

L'autre opération importante au primaire est la multiplication. Quand le président de la cour des comptes, Didier Migaud, répond sur BFM TV que 7 fois 9 vaut 76, on peut commencer par être choqué qu'avec de telles responsabilités les tables de multiplication élémentaires ne soient pas des réflexes. Mais ce qui est en fait plus choquant, c'est qu'avec un peu de familiarité avec les nombres, on peut immédiatement ressentir que ce n'est pas le bon résultat : comme 9 est inférieur à 10, 7 fois 9 est inférieur à 70 ; comme 7 et 9 sont impairs, leur produit aussi. Autant de propriétés que n'a pas 76 !

Le nombre, chez les Grecs, n'existe pas en tant que tel. Il y a les grandeurs, que l'on mesure, et il y a les rapports de grandeurs : « 2m est à 6m comme 9m est à 27m ». Car, qu'y a-t-il de commun entre ces deux situations ? C'est la proportion d'une grandeur par rapport à l'autre. Le nombre sans grandeur est donc un rapport. En retournant la façon de le dire, on peut donc affirmer qu'un nombre est une transformation : c'est ce qui fait passer de 2m à 6m. Le nombre 3 n'est donc plus une quantité que l'on compte sur ses doigts, mais un objet abstrait, une façon d'agir sur le réel.

On parle de situations de proportionnalité. Les mathématicien(ne)s représentent ces situations par des droites : le nombre 3 devient le coefficient directeur de cette droite et on écrit $y = 3x$. Si x vaut 2m, alors y vaut 6m, mais si x valait 10m, alors y vaudrait 30m.

Bien souvent ce coefficient directeur est connu indirectement. Par exemple on utiliser 1 litre de lait pour faire des crêpes pour

6 personnes. Combien faut-il de lait si on veut faire des crêpes pour 18 ? On vient de multiplier le nombre de personnes par 3 : $y = 3x$ où x est le nombre de personnes dans la recette et y le nombre de personnes invitées. On suppose que chaque personne mange toujours le même nombre de crêpes, qu'on soit 6 ou 18, c'est-à-dire qu'on suppose qu'on est dans une situation de proportionnalité. Dans ce cas on a aussi $y = 3x$ où x est la quantité de lait dans la recette et y la quantité de lait correspondant au nombre de personnes invitées. On dit que 3 est le rapport entre y et x et on écrit aussi : $3 = \frac{y}{x}$. Autrement dit : $3 = \frac{18}{6} = \frac{3}{1}$.

On peut aussi avoir moins d'invités que prévu dans la recette. Que vaut par exemple $\frac{2}{6}$? C'est la quantité de lait qu'il faut pour deux personnes, soit un tiers de litre, ce que l'on écrit : $\frac{2}{6} = \frac{1}{3}$.

Un tiers est un nombre qui fait l'inverse de ce que fait 3 : au lieu de multiplier par 3, il divise par 3 et on l'écrit de façon renversée : $\frac{1}{3}$ c'est $\frac{3}{1}$ la tête à l'envers ! En particulier multiplier par 3 puis diviser par 3, c'est ne rien faire : $\frac{3}{1} \times \frac{1}{3} = \frac{1}{1} = 1$.

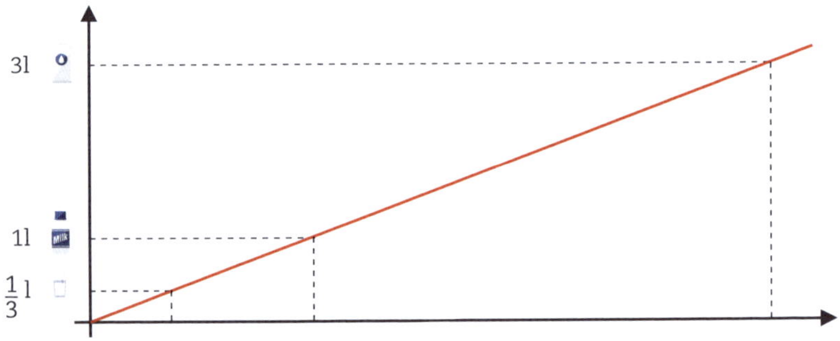

tas de crêpes pour 2 personnes

tas de crêpes pour 6 personnes

tas de crêpes pour 18 personnes

Un rapport n'est pas, en général, un nombre entier, on dit que c'est un nombre rationnel : c'est un *ratio*. On vient donc de créer de nouveaux objets qui ressemblent aux nombres. En fait, tout comme les nombres entiers, on peut les additionner et les multiplier.

Comme un rapport est une façon de passer d'un nombre à un autre par multiplication, on peut dire que passer de 2 à 7 puis de 7 à 9, c'est passer de 2 à 9 : $\frac{9}{7}\times\frac{7}{2}=\frac{9}{2}$: les 7 se sont « simplifiés » ! Pour multiplier des fractions, on raisonne ainsi : $\frac{9}{5}\times\frac{7}{2}=\frac{9\times 7}{5\times 7}\times\frac{7\times 5}{2\times 5}=\frac{9\times 7}{2\times 5}=\frac{63}{100}$ car $\frac{9}{5}=\frac{9\times 7}{5\times 7}$ et $\frac{7}{2}=\frac{7\times 5}{2\times 5}$ et on peut simplifier les 5x7. On retiendra la formule simple : on multiplie ensemble les nombres au numérateurs entre eux, et ceux au dénominateur entre eux, à savoir $\frac{a}{b}\times\frac{c}{d}=\frac{a\times c}{b\times d}$.

Pour les additionner, on part d'un cas simple : $\frac{1}{5}+\frac{3}{5}=\frac{4}{5}$. En effet $\frac{1}{5}$ représente par exemple une part d'un gâteau coupé en cinq (parts égales) et $\frac{3}{5}$ représente alors trois de ces parts. En faisant la somme, on compte le nombre de parts, soit quatre parts, c'est-à-dire $\frac{4}{5}$.

Pour additionner des parts de tailles différentes, on commence par les découper en parts plus petites mais égales des deux côtés ! Par exemple si on a des moitiés et des tiers : on coupe chaque moitié en trois et chaque tiers en deux. On écrit alors $\frac{1}{2}=\frac{3}{6}$ (dans une moitié, on a fait trois parts, chacune d'un sixième) et $\frac{1}{3}=\frac{2}{6}$ (dans chaque tiers, on a fait deux parts, chacune également d'un sixième). On obtient alors $\frac{1}{2}+\frac{1}{3}=\frac{3}{6}+\frac{2}{6}=\frac{5}{6}$.

On appelle cette opération : mettre au même dénominateur, c'est-à-dire ramener à une quantité comparable ou des portions de même taille.

Prenons un autre exemple :

$$\frac{3}{7}+\frac{4}{9}=\frac{3\times 9}{7\times 9}+\frac{4\times 7}{9\times 7}=\frac{27}{63}+\frac{28}{63}=\frac{27+28}{63}=\frac{55}{63}$$

et plus généralement

$$\frac{a}{b}+\frac{c}{d}=\frac{a\times d}{b\times d}+\frac{c\times b}{d\times b}=\frac{a\times d+b\times c}{b\times d}.$$

On peut trouver un moyen mnémotechnique pour retenir cette formule, mais le mieux est sans doute de savoir faire les étapes, notamment celle qui consiste à ramener à des portions égales.

Mnémotechniquement, on met les deux fractions côte à côte. Le dénominateur s'obtient comme un produit des deux dénominateurs : c'est cela « ramener à des parts égales ». Le numérateur s'obtient par un « produit en croix ».

$$\frac{a}{b}+\frac{c}{d} \qquad \frac{a}{b}\times\frac{c}{d} \qquad \frac{ad+bc}{bd}$$

8 - Pythagore et son secret

Que dit le théorème de Pythagore ? Si dans un triangle rectangle, les deux côtés de l'angle droit sont a et b, l'hypoténuse est égale à $\sqrt{a^2+b^2}$. Il est plus parlant et visuel de dire que le carré construit sur l'hypoténuse a une surface égale à la somme des surfaces des carrés construits sur les deux autres carrés.

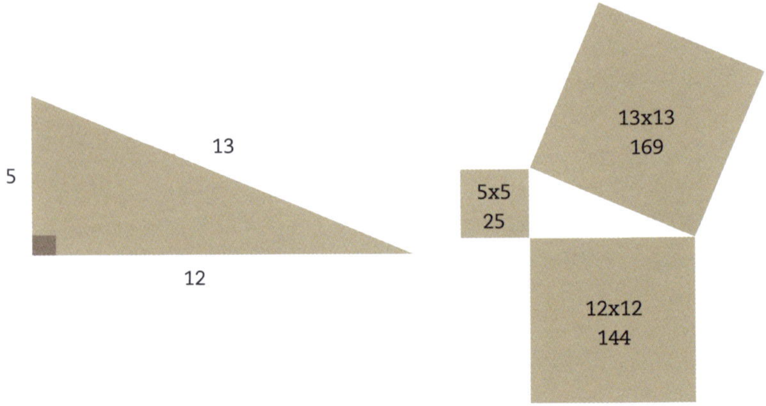

Une racine carrée est à un nombre ce que la longueur d'un côté est à la surface d'un carré. Quand on agrandit une figure en agrandissant ses côtés par un facteur 2, sa surface est agrandie d'un facteur 2 au carré, 2^2 c'est-à-dire 4, tandis que si on agrandit cette figure en agrandissant sa surface par un facteur 2, ses côtés le sont par un facteur racine carrée de 2 : $\sqrt{2}$.

La racine carrée de 2 est typique d'un nombre *irrationnel*. Irrationnel ! Qui défie la raison, donc. La légende rapporte que le fait que $\sqrt{2}$ ne puisse être pensé comme le rapport entre deux nombres entiers était le secret le mieux gardé par l'école Pythagoricienne, et même que celui qui a brisé ce secret en est mort noyé. Un rapport entre deux nombres entiers peut s'étudier par divisions successives. Par exemple si on mesure 47 cm avec un double-décimètre, on obtient deux règles complètes et une fraction de règle. Quelle fraction ? Comme $47 = 20 \times 2 + 7$, on obtient 7 vingtièmes de règle en plus, ce qui peut aussi s'écrire $\frac{47}{20} = 2 + \frac{7}{20}$. On peut alors comparer 20 et 7 comme on l'a fait entre 47 et 20 (en comparant le plus grand des deux nombres au plus petit). On a $20 = 2 \times 7 + 6$ et donc $\frac{20}{7} = 2 + \frac{6}{7}$. Puis il vient $\frac{7}{6} = 1 + \frac{1}{6}$ et enfin $\frac{6}{1} = 6$!

Quels que soient les deux nombres entiers de départ, ces divisions successives amènent à un nombre entier. Ce n'est pas le cas de $\sqrt{2}$ et c'est pour cela qu'il défie l'entendement : quand on tente de pratiquer l'algorithme des divisions successives entre $\sqrt{2}$ et 1, la division se répète à l'infini, identique à elle-même. On commence par écrire $\sqrt{2} = 1 \times 1 + (\sqrt{2} - 1)$ et le reste, $\sqrt{2} - 1$, est bien compris entre 0 et 1 car $\sqrt{2}$ est compris entre 1 et 2. On compare ensuite 1 à $\sqrt{2} - 1$. Pour cela on écrit $(\sqrt{2} + 1) \times (\sqrt{2} - 1) = \left(\sqrt{2}\right)^2 - \sqrt{2} + \sqrt{2} - 1 = 2 - 1 = 1$ et $\sqrt{2} + 1 = 1 + (\sqrt{2} - 1) + 1 = 2 \times 1 + (\sqrt{2} - 1)$, de sorte qu'en multipliant cette dernière égalité par $\sqrt{2} - 1$ et en tenant compte de l'égalité précédente, on obtient $1 = 2 \times (\sqrt{2} - 1) + (\sqrt{2} - 1)^2$. Ainsi pour former une longueur de 1m, on prend deux fois une longueur de $(\sqrt{2} - 1)$ m et il reste une longueur de $(\sqrt{2} - 1)^2$ m.

Pour maintenant comparer $\sqrt{2} - 1$ à $(\sqrt{2} - 1)^2$, il suffit de multiplier par $\sqrt{2} - 1$ l'équation précédente. On obtient $\sqrt{2} - 1 = 2 \times (\sqrt{2} - 1)^2 + (\sqrt{2} - 1)^3$

et ainsi de suite : $(\sqrt{2} - 1)^2 = 2 \times (\sqrt{2} - 1)^3 + (\sqrt{2} - 1)^4$,

$$(\sqrt{2} - 1)^3 = 2 \times (\sqrt{2} - 1)^4 + (\sqrt{2} - 1)^5 \ldots \textit{adlibitum} \,!$$

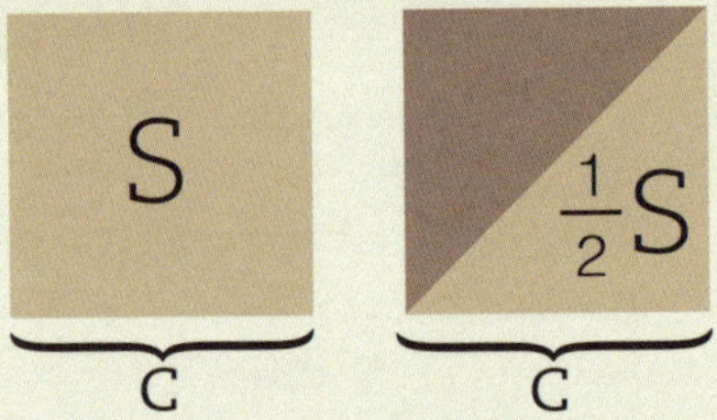
S
1/2 S
c
c

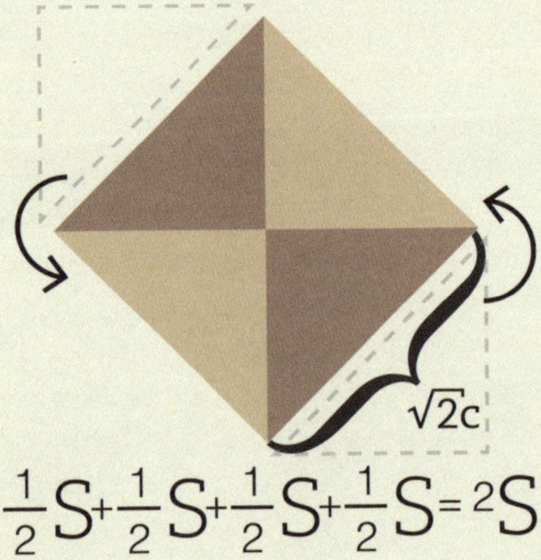
√2c
1/2 S + 1/2 S + 1/2 S + 1/2 S = 2S

2c
S+S+S+S=4S

Il n'y a pas de fin car $\sqrt{2}$ n'est pas le rapport de deux nombres entiers.

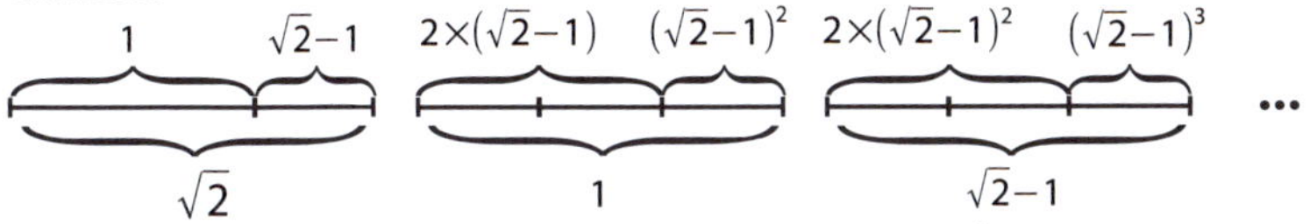

et de plus $\dfrac{1}{\sqrt{2}-1} = \dfrac{\sqrt{2}-1}{(\sqrt{2}-1)^2} = \dfrac{(\sqrt{2}-1)^2}{(\sqrt{2}-1)^3} = \dots$

$2\times(\sqrt{2}-1)^3+(\sqrt{2}-1)^4,$

C'est que, pour comprendre $\sqrt{2}$, il faut sortir de la ligne droite ! Pour comparer des longueurs, on utilise un bâton ou une règle, et on peut y graver les nombres. Dans ce champ étroit, $\sqrt{2}$ n'est pas facile à penser. Mais dès que l'on dessine un carré, on ne voit plus qu'elle : la racine carrée de 2 ! Elle s'incarne dans la diagonale du carré de façon encore plus immédiate que la géométrie sphérique ne le fait avec une orange ! Sa propriété naturelle ne se dit pas avec des longueurs, mais avec des surfaces : si on trace un carré et qu'on agrandit ses côtés par un facteur $\sqrt{2}$, alors la surface du carré obtenu est le double de celle du carré initial. Au final, même si ce nombre n'apparaît pas plus sur le bout de nos doigts qu'avant le début de la réflexion, on a découvert le moyen d'y penser : c'est ce qui permet de doubler les surfaces !

9 - ÉQUATION DU SECOND DEGRÉ

Pour les Grecs, un produit est avant tout obtenu comme une aire, une surface : 3×5 est la surface d'un rectangle de côtés 3 et 5 ; 3×3, c'est-à-dire 3 au carré, est la surface d'un carré de côté 3.

Par conséquent la recherche d'un nombre x tel que $x^2 + 21 = 10x$ relève de la géométrie ! Il faut trouver un carré tel qu'en rajoutant une surface de 21, on obtienne un rectangle ayant un côté commun avec ce carré et un autre de longueur 10.

Voici comment procède le mathématicien Al Khwarizmi (dont le nom a donné le mot *algorithme*, et à qui l'on doit le mot algèbre). On considère un rectangle de largeur 10 et de hauteur x. On le coupe en deux rectangles de côtés de longueurs 5 et x. En supposant $x < 5$, on découpe le rectangle de droite en un carré de côté x et un

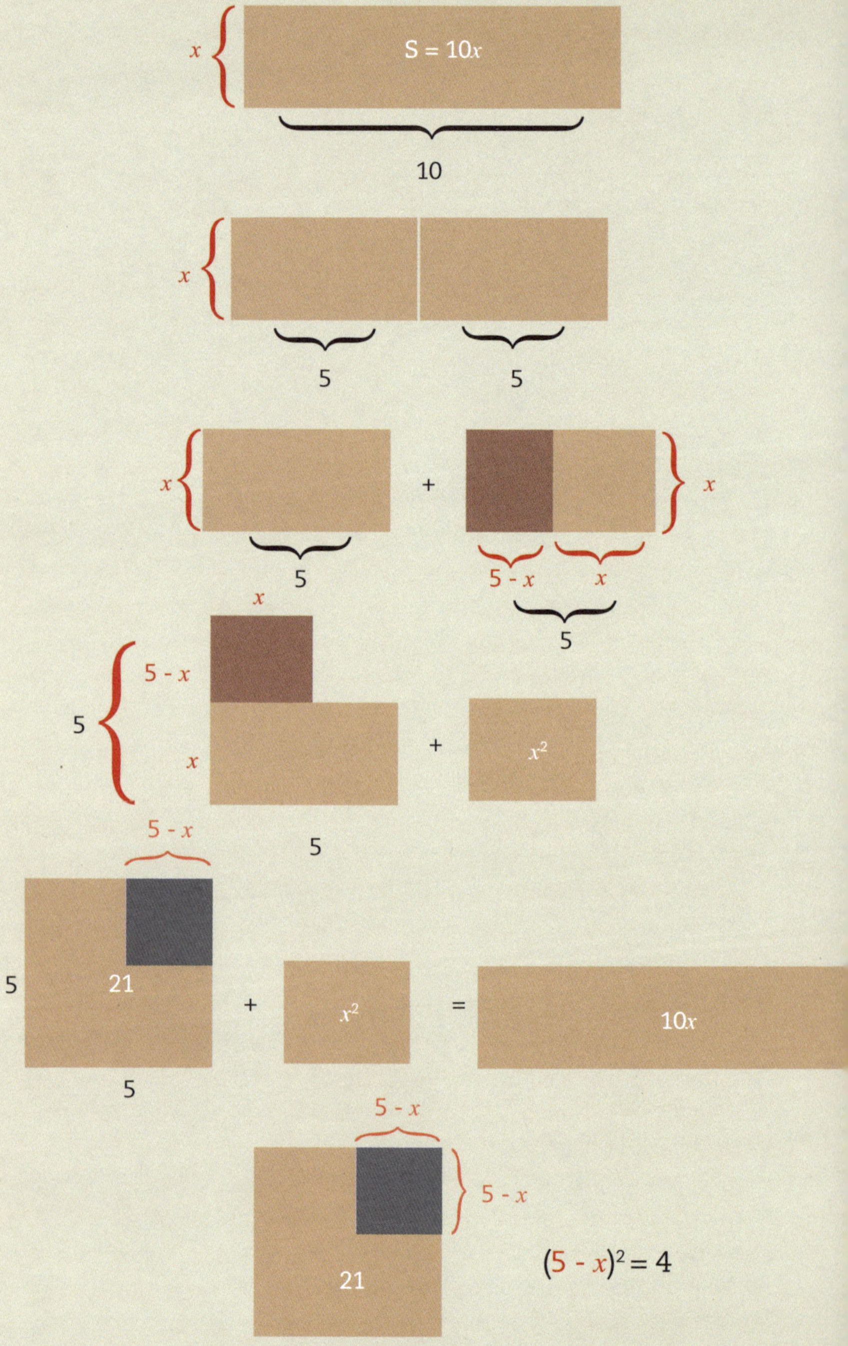

$5 \times 5 = 25 = 21 + 4$

rectangle (marron foncé) dont les côtés mesurent x et $5-x$.

La somme des surfaces du rectangle de gauche, du rectangle marron foncé et du carré de côté x est celle du grand rectangle initial, donc $10x$. Comme le carré a une surface de x^2, le demi-rectangle et le rectangle marron foncé ont une surface totale de 21.

On oublie maintenant le grand rectangle et on vient superposer le rectangle marron foncé au-dessus du demi-rectangle beige. Puisque la largeur du rectangle marron foncé est de $5-x$, en le tournant elle devient sa hauteur, de sorte que la figure a une hauteur totale de 5. Néanmoins comme la hauteur du rectangle marron foncé est x, il ne recouvre pas entièrement le haut du demi-rectangle beige. Il manque en fait un carré (gris) de côté $5 - x$. En rajoutant ce carré gris, on obtient un carré de côté 5. Or le grand carré a une surface de 25 (car $5^2 = 25$) et le demi-rectangle beige et le rectangle marron foncé ont une surface totale de 21. C'est donc que le carré gris a une surface de 4, car $25 - 21 = 4$. Il en résulte que son côté mesure 2. Comme c'est aussi $5 - x$ d'après ce qui précède, on a $2 = 5 - x$, ou encore $x + 2 = 5$ et donc $x = 3$.

On peut vérifier $3^2 + 21 = 9 + 21 = 30 = 10 \times 3$, donc si x vaut 3, on a $x^2 + 21 = 10x$.

Un dessin similaire fait en supposant $x > 5$ aboutit à la conclusion que x est égal à 7. On dit que les deux solutions de l'équation $x^2 + 21 = 10x$ sont 3 et 7.

10 - Inconnues et racines

La procédure précédente fournit deux solutions. De plus elle doit être adaptée selon les situations. Par exemple $x^2 = 21 + 10x$ donne à imaginer un carré fabriqué avec un rectangle et un objet de surface 21. Suivant l'emplacement, à gauche ou à droite du signe égal, on obtient six situations différentes, du moins si on tient absolument à travailler avec des quantités strictement positives : $x^2 + 21 = 10x$, $x^2 = 21 + 10x$, $x^2 + 10x = 21$, $x^2 = 10x$, $x^2 = 21$ ou $21 = 10x$.

Dans la seconde équation, l'une des racines n'est pas positive. Avec ces écritures il arrive également qu'il n'y ait aucune solution réelle (positive ou négative). Par exemple $x^2 + 10 = 2x$ est une telle équation. Par contre les trois dernières sont aisément résolubles :

on trouve respectivement 0 et 10, $\sqrt{21}$ et $\frac{21}{10}$ (soit 2,1).

Néanmoins ne travailler qu'avec des quantités positives est vite restrictif et empêche de penser la situation de façon plus abstraite. On écrit $x^2 = 21 + 10x$ sous la forme $x^2 - 10x - 21 = 0$ puis on va chercher à écrire $x^2 - 10x - 21$ sous la forme $(x - a) \cdot (x - b)$. Un peu d'algèbre permet, en développant ce produit, d'écrire : $(x - a) \cdot (x - b) = x^2 - a.x - b \cdot x + ab = x^2 - (a + b) \cdot x + ab$, si bien que pour parvenir à nos fins il suffit de trouver des nombres a et b vérifiant les relations (dite de Viète) : $a + b = 10$ et $ab = 21$.

Tout d'abord : pourquoi chercher dans cette direction ? Parce que l'on sait qu'un produit de deux quantités est nul si et seulement si l'une des quantités est nulle. Aussi pour chercher pour quel x l'expression $x^2 - 10x - 21$ est nulle, il suffit de l'écrire comme un produit. À cause du terme x^2 on aimerait que chacun des facteurs soit de la forme x et quelque chose. Or $x = a$ ou $x - a = 0$ sont deux façons de dire la même chose, donc écrire l'expression avec x^2 sous forme de produit de deux termes avec seulement x, c'est vraiment résoudre l'équation.

La terminologie est la suivante : -10 et -21 sont les coefficients du polynôme, x en est l'indéterminée et a et b en sont les racines. L'apport d'Évariste Galois a été d'affirmer que résoudre une équation, c'est trouver l'ensemble des deux racines et non pas chacune d'elles individuellement.

Les racines sont connues à travers des expressions dans lesquelles elles apparaissent symétriquement (de façon indifférenciée) comme leur somme, leur produit, la somme de leurs carrés, etc. C'est pourquoi Galois, contrairement à ce qui est en usage au collège, incite à penser l'écriture $\sqrt{21}$ comme représentant n'importe quel nombre dont le carré est 21 : celui qui est positif comme celui qui est négatif. On parle d'indétermination ou d'ambiguïté.

11 - Symétries et racines

Pour comprendre, avec Galois, la notion d'ambiguïté, rien de tel que des chapeaux ! Imaginons un jeu où il faut identifier des personnes portant un chapeau de paille, leur identité étant un nombre écrit à l'intérieur du chapeau. On peut les associer à tout moment de façon symétrique pour leur demander de répondre à une question : quelle est leur somme, leur produit par exemple. Avec un peu d'astuce (et de mathématiques !), on peut deviner quels sont les deux nombres inscrits au fond des chapeaux, mais jamais on ne pourra savoir qui est qui !

C'est comme si à tout moment les chapeaux pouvaient s'échanger, se permuter entre eux. Le raisonnement d'Al Khwarizmi à propos de $x^2 + 21 = 10x$ peut s'écrire ainsi : $(5 - x)^2 = 4$ et donc $5 - x = \sqrt{4}$ ou encore $x = 5 - \sqrt{4}$. Et il faut se garder de dire que $\sqrt{4}$ vaut 2 ! Il faut préserver l'ambiguïté ! De la sorte cette racine carrée est, au choix, 2 ou -2, de sorte que x est au choix 3 ou 7 !

On a trouvé, en un seul calcul, les deux solutions de l'équation de départ !

On retrouve cette ambiguïté au cœur du calcul de Galois. Les relations de Viète nous invitent à chercher deux nombres a et b vérifiant $a + b = 10$ et $ab = 21$. Si on place a et b sur la droite des réels, leur milieu se trouve en $\frac{a+b}{2}$ donc en 5. À quelle distance a et b se trouvent-ils de leur milieu ? On peut le savoir puisque cette expression est symétrique en a et b ! Il s'agit de calculer la valeur absolue (sans les signes) de $a - \frac{a+b}{2}$ donc de $\frac{a-b}{2}$. On va commencer par s'attarder sur $a - b$. Ce n'est pas symétrique car en échangeant a et b, $a - b$ devient $b - a$. La règle des signes nous permet donc de conclure que, par contre, $(a - b)^2$ est symétrique. En effet : $(a-b)^2 = a^2 - 2ab + b^2$. Comme on a aussi $(a + b)^2 = a^2 + 2ab + b^2$, on constate qu'on a $(a-b)^2 = (a+b)^2 - 4ab = 10^2 - 4 \times 21 = 100 - 84 = 16$. Par conséquent $\left(\frac{a-b}{2}\right)^2 = \frac{16}{4} = 4$ de sorte que la distance de a et b à leur milieu est 2. En partant du milieu, 5, et en se déplaçant de 2 dans une direction ou l'autre, on arrive bien en 3 ou en 7.

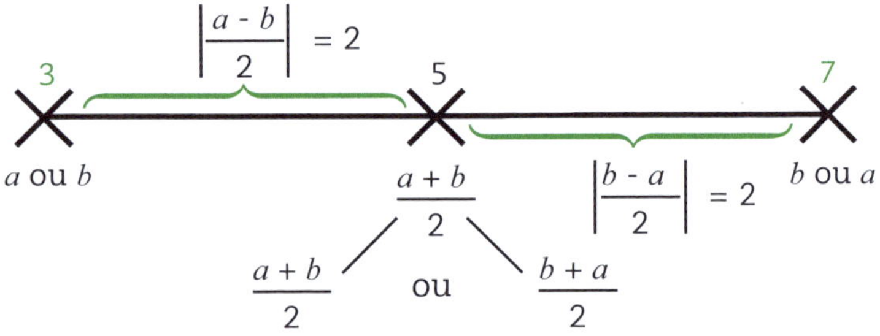

12 - UN NOMBRE QUI N'EXISTE PAS ?

Le nombre imaginaire que Leonhard Euler a noté *i* défie lui aussi l'entendement. Il a été d'abord introduit par Girolamo Cardano comme astuce de calcul pour résoudre des équations de degré 3.

Bien entendu une surface est une grandeur positive, tout comme le rapport de deux surfaces. Autrement dit, on ne peut multiplier une surface que par une quantité positive si on souhaite en obtenir une autre : notre mécanisme de pensée ne permet donc de donner un visage qu'aux racines carrées de nombres positifs. Alors que peut bien signifier $\sqrt{-1}$? Ici encore, la solution est de sortir du cadre de l'épure. C'est cette aptitude à sauter dans l'inconnu et à imaginer de nouvelles façons de faire qui est, à mon sens, au centre des activités mathématiques.

On a vu en étudiant les fractions qu'un nombre est une façon d'agir, une transformation. Le nombre 3 est la multiplication par 3, l'agrandissement des figures par un facteur 3, etc. Avec cette interprétation, un nombre négatif est aussi une façon d'agir sur le réel, mais en changeant de sens, en inversant le bas et le haut, la droite et la gauche, bref en retournant l'objet de 180° en lui faisant faire un demi-tour.

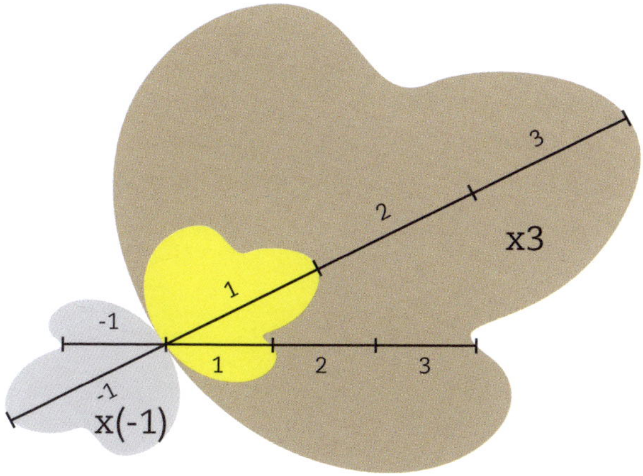

Avec ce langage, une racine carrée est une « moitié » de transformation, tout autant que le carré est l'itérée de la transformation : multiplier par 9, c'est multiplier par 3 deux fois de suite. On comprend alors que, même si elle n'est pas plus calculable qu'avant $\sqrt{2}$ représente une transformation qui est la « moitié » de la multiplication par 2. Comme -1 est le demi-tour, il devient pleinement manifeste que $\sqrt{-1}$ est le quart de tour ! Bien entendu pour le visualiser on a besoin de sortir du cadre que l'on s'était implicitement fixé en multipliant les nombres, vus comme représentant des grandeurs.

Il reste néanmoins une certaine ambiguïté : un demi-tour, quelque soit le sens dans lequel on l'opère aboutit au même résultat, mais pas un quart de tour ! Alors, $\sqrt{-1}$, quel quart de tour est-ce ? Y en a-t-il un meilleur qu'un autre ? Les premières réponses ont été données par Évariste Galois, Arthur Cayley, Richard Dedekind et Emmy Noether pour n'en citer que quelques un(e)s. En fait il n'y a pas de meilleur sens pour tourner. L'usage en mathématiques, fixé par Euler, est de dénoter par i le quart de tour dans le sens inverse des aiguilles d'une montre.

13 - Taquin

Galois, toujours lui, a expliqué que pour résoudre une équation, il faut être capable de décrire toutes les transformations qui préservent l'ambiguïté, donc de comprendre comment on peut les permuter entre elles. Avec deux racines on ne peut faire que deux choses : les permuter entre elles ou ne rien faire ! Avec trois racines on peut faire plus de choses : en permuter deux entre elles, faire tourner circulairement les racines dans un sens ou l'autre, ou ne rien faire. On note (*ab*) la permutation entre *a* et *b*, (*abc*) celle qui permute circulairement *a* en *b*, *b* en *c* et *c* en *a* : chaque lettre est envoyée sur la suivante dans la liste sauf la dernière qui retourne sur la première. Un nombre qu'il est utile d'associer à une permutation est le nombre d'interversions, consécutives à la permutation, entre paires de lettres. Si on part de *a*-*b*-*c* dans cet ordre et qu'on permute *a* et *b* alors on se retrouve avec *b* - *a* - *c* et il y a eu une interversion : *a* est passé à droite de *b*. Si on permute selon (*abc*), la permutation circulaire, on se retrouve avec *b* - *c* - *a* et il y a deux interversions : *a* est passé à droite de *b* et aussi de *c*.

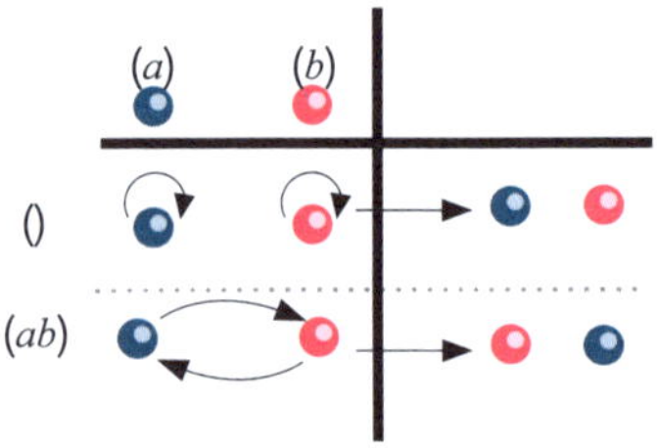

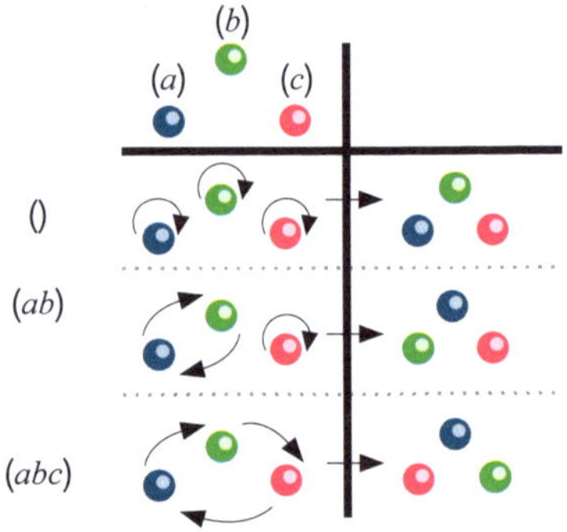

Si on effectue deux permutations à la suite, le nombre d'interversions ne va pas nécessairement s'additionner, mais sa parité ne va pas changer. Effectuons (*ac*) après chacun des deux exemples précédents.

Pour (*ab*), on en était à *b* - *a* - *c* et donc en effectuant (*ac*) on tombe sur *b* - *c* - *a*. Comme c'est le résultat de (*abc*), on sait déjà qu'il y a deux interversions. Or (*ab*) et (*bc*) produisent individuellement une seule interversion, et la parité de 2 et de 1 + 1 sont bien les mêmes (en fait ces deux nombres sont égaux, mais ce n'est pas le cas général).

Pour (abc), on en était à b - c - a et donc en faisant suivre avec (ac), on tombe sur b - a - c qui n'a qu'une seule interversion. Or 2 + 1 et 1 ont bien la même parité.

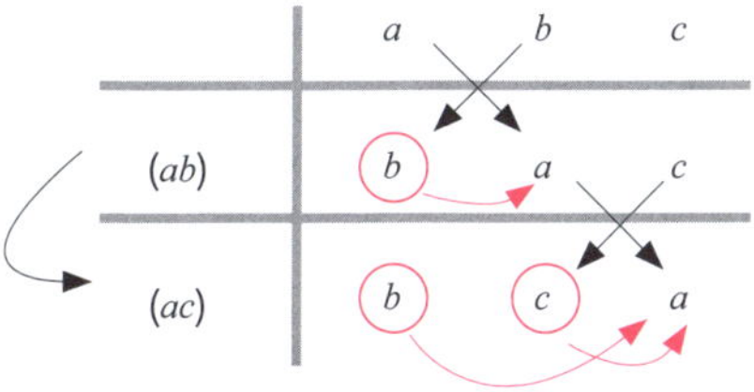

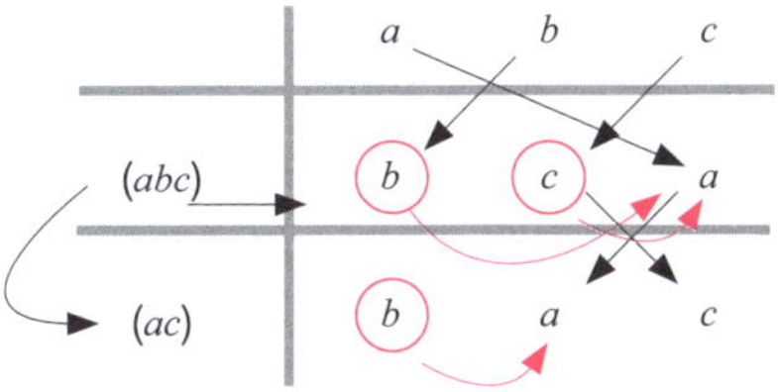

Appliquons maintenant cela au célèbre puzzle de Sam Lloyd, le taquin. Dans ce jeu, on peut déplacer les cases seulement en amenant un carré adjacent à la case vide dans cette case. Pour voir apparaître les permutations, on écrit la suite des numéros sur les cases, sans tenir compte de la case vide, à partir du haut à droite en serpentant vers le bas. Ainsi la situation de départ est :
4 - 3 - 2 - 1 - 5 - 6 - 7 - 8 - 12 - 11 - 10 - 9 - 13 - 14 - 15

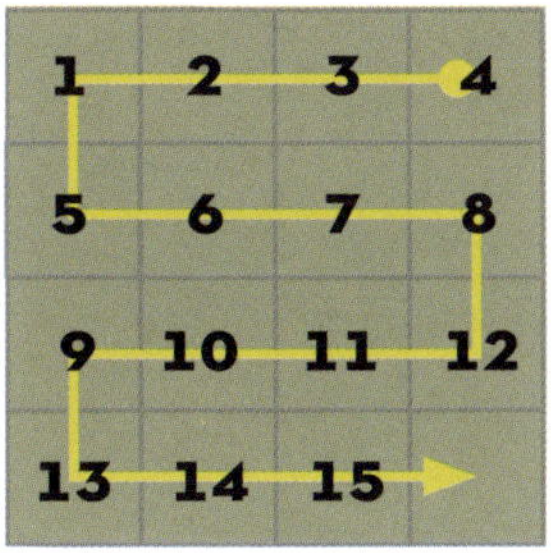

On se convainc facilement que l'on peut glisser la case vide n'importe où dans la grille 4 × 4 sans changer l'ordre des quinze numéros, tout simplement en faisant glisser les tuiles le long du serpent.

Prenons l'exemple d'une case vide au milieu de la grille.

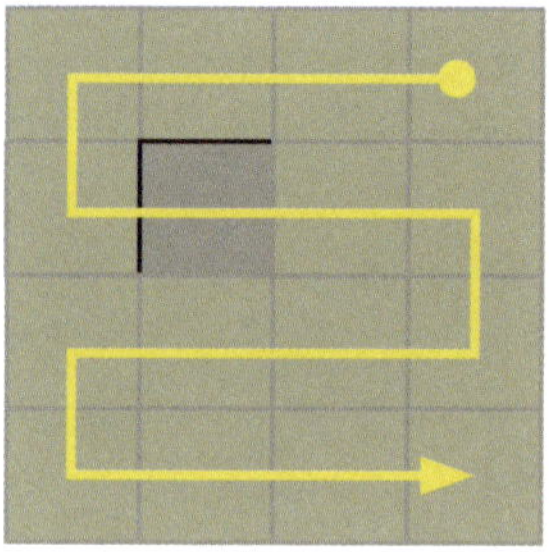

On a alors quatre coups possibles (c'est deux ou trois seulement sinon) : deux se font en se déplaçant le long du serpent et ne changent pas l'ordre des numéros ; un fait avancer ou reculer un numéro de deux places et donc rajoute un nombre pair d'interversions ; un dernier fait avancer ou reculer un numéro de quatre places et rajoute une fois encore un nombre pair d'interversions.

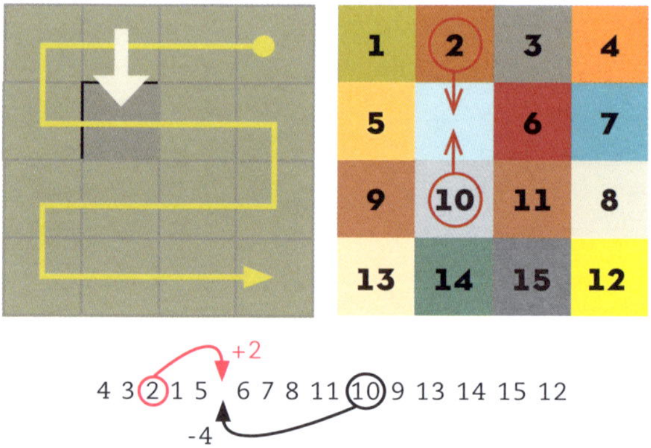

Au final, en jouant on ne peut pas faire en sorte qu'une seule interversion ait lieu. En particulier la situation de Sam Lloyd où 14 et 15 sont échangés est impossible !

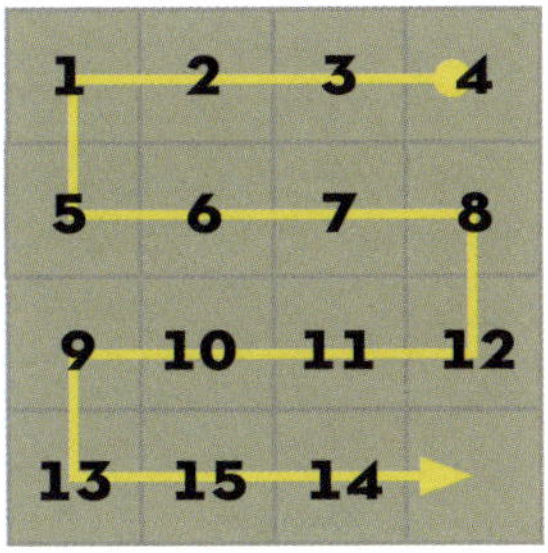

14 - ÉQUATION DU TROISIÈME DEGRÉ

Pour clore ce chapitre, nous terminons avec un joli résultat de Tartaglia (qui était bègue, comme son nom l'indique, suite à un coup de sabre qu'il avait reçu d'un soldat de Louis XII qui l'avait laissé pour mort après avoir massacré son père). De même que *i* correspond au quart de tour, notons j le tiers de tour. On aura donc $j^3 = j \cdot j \cdot j = 1$ puisque trois tiers de tour, c'est un tour complet et que faire un tour complet, c'est revenir à sa place, donc ne pas avoir bougé !

On veut résoudre une équation de degré 3 comme par exemple $x^3 - 6x^2 + 11x - 6 = 0$. Comme pour le second degré, on va chercher les solutions en écrivant $x^3 - 6x^2 + 11x - 6$ sous la forme $(x - a) \cdot (x - b) \cdot (x - c)$, ce qui revient à chercher a, b et c sachant qu'on a : $a + b + c = 6$, $ab + bc + ca = 11$ et $abc = 6$.

L'idée, en fait postérieure à Tartaglia et formalisée par Lagrange, est de considérer les deux nombres u et v donnés par $u = a + jb + j^2c$ et $v = a + jc + j^2b$. Si on fait tourner circulairement a, b et c, on constate que u est transformé en $b+jc+j^2a$, ce qui n'est rien d'autre que j^2u car $j^3=1$ et donc $j^4=j$.

$$u = a + jb + j^2c \xrightarrow{(abc)} b + jc + j^2a = j^3b + j^4c + j^2a = j^2u$$

On en déduit que le nombre u^3 est quant à lui laissé invariant par cette permutation circulaire.

$$u^3 = (a + jb + j^2c)^3 \xrightarrow{(abc)} (j^2u)^3 = j^6\, u^3 = u^3$$

On peut vérifier que les nombres u^3 et v^3 sont laissés invariants par toutes les permutations circulaires et qu'ils sont échangés par les permutations de deux racines. Par exemple v s'obtient à partir de u en échangeant b et c.

$$u = a + jb + j^2c \xrightarrow{(bc)} a + jc + j^2b = v$$

	u	v	uv	u^3+v^3
( )	u	v	uv	u^3+v^3
(ab)	jv	j^2u	uv	u^3+v^3
(bc)	v	u	uv	u^3+v^3
(ca)	j^2v	ju	uv	u^3+v^3
(abc)	j^2u	jv	uv	u^3+v^3
(cba)	ju	j^2v	uv	u^3+v^3

On en déduit que les nombres $u^3 + v^3$ et uv sont invariants par toutes les permutations des trois lettres. D'après les relations de Viète, on peut donc les calculer ! On le fait (c'est technique mais sans chausse-trappe) et on cherche alors u^3 et v^3, connaissant leur somme et leur produit (car $u^3v^3 = (uv)^3$). Pour cela, on résout une équation du second degré, comme on l'a vu précédemment.

Finalement, au prix d'une extraction de racine cubique (qui est au cube ce que la racine carrée est au carré), on en déduit u et v.

Le fin mot de l'histoire est que $(a + b + c) + u + v = 3a$ grâce à la relation $0 = j^3 - 1 = (j-1) \cdot (j^2 + j + 1)$ qui entraîne (puisque j n'est pas égal à 1 : un tiers de tour n'est pas un tour complet !) $j^2 + j + 1 = 0$. On a donc trouvé une formule pour a. Cette formule sera ambiguë et aura en fait trois valeurs, c'est-à-dire que cette formule donne a, b et c en même temps !

Dans le cas qui nous intéresse, on trouve $u^3 + v^3 = 0$ et $uv = 3$. Donc $u^3 = \sqrt{-27} = 3\sqrt{3}i$ et $u = \sqrt[3]{-1}(j-1)$. À cause de la relation sur uv, on trouve $v = \frac{j^2-1}{\sqrt[3]{-1}}$ et donc les racines sont... 1, 2 et 3 !

Les formules ont ceci d'incroyable que pour trouver des nombres réels, on doit utiliser des nombres imaginaires. Et le plus souvent, les formules que l'on trouve donnent des expressions extrêmement compliquées pour des nombres très simples. La morale de cette histoire est que la compréhension qui se dégage de la méthode (ambiguïté, permutations, invariants etc.) est bien plus riche que la formule elle-même : ce n'est pas le résultat qui compte, mais la démarche que l'on a utilisée, comme très souvent en mathématiques.

ANALYSE

INTRODUCTION

Dans ce chapitre on s'intéresse à l'algèbre transcendante, c'est-à-dire à l'étude des phénomènes infinitésimaux ou qui sortent du cadre algébrique. Les nombres que l'on va rencontrer, même si on les appelle nombres réels, sont difficilement accessibles directement, pas même par une équation. On les obtient plutôt comme des sommes infinies, des processus limites, comme si on demandait de plus en plus de chiffres après la virgule sur une calculatrice.

La notion de limite est ancienne et a posé de nombreux problèmes aux Grecs de l'antiquité. La définition rigoureuse a dû attendre la fin du XVIIIe et le XIXe siècle avec le mathématicien (et militaire) portugais José Anastácio da Cunha, repris par Augustin Louis Cauchy (un des mathématiciens les plus prolixes après Euler). D'ailleurs les nombres réels ont attendu encore plus longtemps avant d'être rigoureusement définis par Richard Dedekind et Georg Cantor.

Cela n'a pas empêché les mathématicien(ne)s précédent(e)s de travailler avec des notions de calcul infinitésimal comme l'intégrale ou la dérivée. Après avoir présenté ces outils, nous nous orienterons vers un des objectifs majeurs de l'analyse : les inégalités. Bien souvent on cherche à majorer ou minorer des quantités sans vraiment les connaître, ou à trouver quand elles sont optimales : quelle est la surface qui renferme un volume donné et qui est minimale parmi toutes ces surfaces ? Même si la réponse est donnée naturellement par les bulles de savon, il existe bien d'autres problèmes qui nous échappent encore !

1 - Gauss vs. Chuck Norris

L'analyse est aussi appelée « algèbre transcendante ». Comme on l'a vu au chapitre précédent, un des outils fondamentaux en algèbre est l'équation. Mais pas n'importe quelle équation : il faut mettre en jeu des variables (x), leur carré (x^2), leur cube (x^3) etc. Au final ce qu'on obtient, c'est une expression que l'on appelle polynomiale.

On parle de polynôme de degré 1 pour $2x$-3, de degré 2 pour x^2-$3x$+7, etc., suivant la plus haute puissance qui intervient dans l'expression. Les racines de ces polynômes sont des nombres que l'on qualifie d'algébriques.

Il semble qu'il y en ait beaucoup à première vue, mais c'est un leurre. En fait on peut même les compter ! Dans le même sens qu'on peut compter les entiers (d'accord, personne ne compte vraiment jusqu'à l'infini, à part peut-être Chuck Norris qui lui a compté jusqu'à l'infini ... deux fois !) : il y a donc beaucoup de nombres algébriques, mais pas tant que ça.

Alors les autres, c'est quoi ? Comment les définir, comment en montrer ?

Le premier saute aux yeux dès qu'on regarde un cercle, comme par exemple une roue de vélo, une billig (crêpière) ou même une orange : quel est le périmètre d'une roue de vélo (important pour la chambre à air), la surface d'une billig (important pour les crêpes) ou le volume d'une orange ? Dans tous les cas, on l'obtient à partir du diamètre et d'un nombre qui n'est pas algébrique : π.

Le nombre π, qui est un p grec comme l'initiale de périmètre, est avec quelques autres une star des mathématiques. Il est associé à des fonctions qui elles non plus ne sont pas algébriques : sinus, cosinus, tangente... et même l'exponentielle. Ces fonctions ne sont pas des expressions polynomiales, mais sont en quelque sorte des polynômes de degré infini. Tout comme l'infinité des décimales de π. On ne peut pas toutes les calculer (sauf bien sûr Gauss qui connaît les quatre dernières décimales de π, comme quoi il est plus fort que Chuck Norris, mais chut!).

2 - SÉRIE GÉOMÉTRIQUE

La première façon de construire des nombres nouveaux est de « rajouter des chiffres après la virgule », c'est-à-dire de rajouter au fur et à mesure des nombres de plus en plus petits.

Si on fait cela à la lettre, par exemple en rajoutant un 1 au fur et à mesure, on écrit le nombre 0,1111... Il a l'air « infini » mais ça ne l'empêche pas d'être rationnel : il est égal à $\frac{1}{9}$. Pour le voir, on multiplie par 10 et on retombe sur le même nombre à 1 près :

$$10\times 0{,}11111111111\ldots = 1{,}1111111111\ldots = 1 + 0{,}11111111111\ldots$$

Du coup c'est une solution de l'équation $10x = x + 1$, ce qui donne $9x = 1$ en retranchant x de chaque côté, soit $x = \frac{1}{9}$.

En fait c'est assez général. On vient d'étudier la somme d'une série géométrique, c'est-à-dire un nombre obtenu en rajoutant à chaque fois un multiple fixé du nombre précédemment ajouté :

$$0{,}1 + \frac{1}{10}\times 0{,}1 + \frac{1}{10}\times\frac{1}{10}\times 0{,}1 + \text{etc.}$$

Géométriquement, au lieu de rajouter un chiffre après la virgule, c'est-à-dire un dixième de ce qui précède, on peut rajouter une portion fixée de ce qui précède. Par exemple avec ¼, on obtient la figure ci-après.

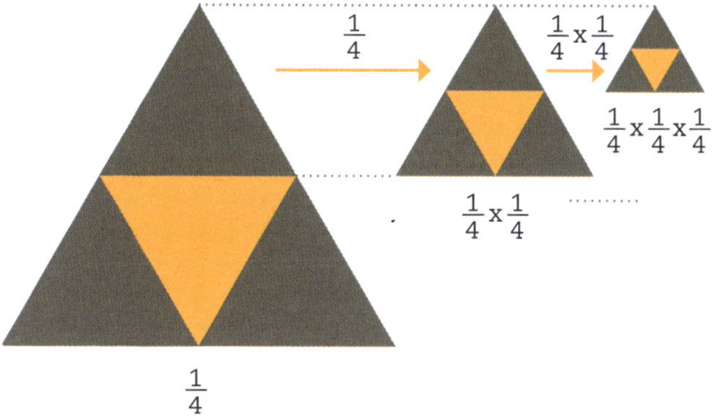

Le triangle jaune le plus grand a une surface égale à un quart de celle du grand triangle, puisque ce dernier est découpé en quatre triangles identiques (trois pointes en haut et une pointe en bas). Pour rajouter un quart du quart, on rajoute le second triangle jaune : sa surface est un quart de celle du triangle qui le contient, lui-même de surface un quart du grand triangle. Etc. Au final sur chaque « ligne » on voit trois triangles : deux gris et un jaune. Donc la surface totale des triangles jaune est un tiers de celle du grand triangle ! On vient d'obtenir $\frac{1}{4}+\frac{1}{4\times 4}+\frac{1}{4\times 4\times 4}+\cdots=\sum_{n=1}^{\infty}\left(\frac{1}{4}\right)^n=\frac{1}{3}$.

D'une façon générale, que se passe-t-il si on ajoute à chaque fois une portion égale à a : $1 + a + a^2 + a^3 + \ldots$? Comme on le voit en multipliant par $1 - a$, on a, en développant,

$$\begin{aligned}(1+a+a^2+a^3+\cdots+a^n)\times(1-a) &= (1-a)+a(1-a)+a^2(1-a)+\cdots+a^n(1-a)\\ &= 1-a+a-a^2+a^2-a^3+a^3-\cdots-a^n+a^n-a^{n+1}\\ &= 1-a^{n+1}.\end{aligned}$$

Si a vérifie $0 < a < 1$, multiplier par a correspond à prendre une partie (par exemple une moitié) de la quantité précédente et donc en répétant cette opération à l'infini, il ne restera plus rien : la limite de a^{n+1} est nulle. On en déduit que $1 + a + a^2 + a^3 + \ldots + a^n + \ldots$ est l'inverse de $1 - a$ ce que l'on écrit $1+a+a^2+a^3+\cdots+a^n+\cdots=\frac{1}{1-a}$. Seulement voilà, si a est algébrique, $1 - a$ aussi et l'inverse de ce nombre aussi. Pas de chance !

3 - LE NOMBRE D'EULER

Il faut en fait faire décroître la quantité que l'on rajoute beaucoup plus vite. Un nombre qui devient vite très grand, c'est le nombre de permutations sur n lettres, noté n! et appelé factorielle de n. Il vaut le produit des n premiers nombres :

$1! = 1$ $\quad 2! = 1 \times 2 = 2$ $\quad 3! = 1 \times 2 \times 3 = 6$

$4! = 1 \times 2 \times 3 \times 4 = 24$ $\quad 5! = 1 \times 2 \times 3 \times 4 \times 5 = 120$ $\quad 6! = 1 \times 2 \times 3 \times 4 \times 5 \times 6 = 720$

etc. Ces nombres deviennent vite très grands. Par exemple 100! s'écrit avec 157 chiffres !

Remarquons que, pour $n > k$, le quotient $\frac{n!}{k!}$ est le produit des entiers de $k + 1$ à n et est donc un entier. Par exemple $\frac{10!}{7!} = 8 \times 9 \times 10 = 720$.

Euler a défini le nombre e par la formule :

$$e = 1 + \frac{1}{1!} + \frac{1}{2!} + \frac{1}{3!} + \frac{1}{4!} + \cdots + \frac{1}{n!} + \cdots.$$

Ce nombre n'est pas algébrique, ainsi que l'a démontré Charles Hermite en 1873. Nous allons juste montrer qu'il n'est pas rationnel, suivant la démonstration de Joseph Fourier.

On remarque d'abord que pour tout entier n, on a : $(n+1)! = (n+1) \times n!$, $(n+2)! = (n+2) \times (n+1) \times n!$ donc $(n+2)!$ est supérieur à $(n+1)^2 \times n!$, $(n+3)! = (n+3) \times (n+2) \times (n+1) \times n!$ donc $(n+3)!$ est supérieur à $(n+1)^3 \times n!$ etc.

Or si deux nombres positifs sont ordonnés dans un sens, leurs inverses le sont dans l'autre. On trouve donc $\frac{1}{(n+1)!} = \frac{1}{(n+1)} \times \frac{1}{n!}$, $\frac{1}{(n+2)!} < \frac{1}{(n+1)^2} \times \frac{1}{n!}$, $\frac{1}{(n+3)!} < \frac{1}{(n+1)^3} \times \frac{1}{n!}$ etc.

En faisant la somme de toutes les inégalités précédentes et en tenant compte de la somme de la série géométrique

$$\frac{1}{n+1} + \frac{1}{(n+1)^2} + \frac{1}{(n+1)^3} + \cdots = \frac{1}{1 - \frac{1}{n+1}} = \frac{n+1}{n+1-1} = \frac{n+1}{n},$$

il vient $0 < \frac{1}{(n+1)!} + \frac{1}{(n+2)!} + \frac{1}{(n+3)!} + \cdots < \frac{n+1}{n} \times \frac{1}{n!} = \frac{1}{n \times n!}$ et donc, en

rajoutant les premiers termes intervenant dans la définition de e : $1 + \frac{1}{1!} + \frac{1}{2!} + \frac{1}{3!} + \frac{1}{4!} + \cdots + \frac{1}{n!} < e < 1 + \frac{1}{1!} + \frac{1}{2!} + \frac{1}{3!} + \frac{1}{4!} + \cdots + \frac{1}{n!} + \frac{1}{n \times n!}$.

Si e était rationnel, il s'écrirait comme quotient de deux nombres entiers, disons $e = \frac{m}{n}$, alors en multipliant par $n!$ l'encadrement précédent on trouve :

- à gauche la somme des entiers $\frac{n!}{k!}$ pour k entre 1 et n, ce qui est un entier que l'on note S,

- au milieu l'entier $m \cdot (n-1)!$,

- à droite S augmenté de $\frac{1}{n}$.

Or un entier plus grand que S est au moins égal à $S+1$ et ne peut donc être inférieur à $S + \frac{1}{n}$. Cette absurdité montre que l'hypothèse $e = \frac{m}{n}$ est fausse, et donc que e est irrationnel.

Dans « Les misérables », Victor Hugo a écrit : « Il y avait à l'Académie des sciences un Fourier célèbre que la postérité a oublié, et dans je ne sais quel grenier un Fourier obscur dont la postérité se souviendra. » et pourtant on se souvient encore de Joseph Fourier, l'académicien inventeur de cette jolie démonstration, de la théorie de la chaleur et d'une transformation s'appliquant aux ondes comme à la compression du son et des images. Quant à Charles Fourier, le phalanstérien, il aimait les séries, et notamment les séries harmoniques ... mais il prêtait à ce terme un sens différent de celui des mathématicien(ne)s.

4 - Suites adjacentes

La façon dont Euler a défini le nombre e donne l'image d'une progression petit à petit vers un nombre limite, un seuil : à chaque étape on rajoute un petit peu. On parle de série convergente.

Toutefois, tout comme les petits ruisseaux font les grandes rivières, il arrive qu'en rajoutant toujours un peu plus, on finisse par dépasser tous les seuils. On parle de série divergente et on dit que la somme est infinie.

Un tel exemple est donné par la série harmonique (appelée

ainsi en raison des harmoniques musicales et non de l'harmonie dans l'organisation de la société imaginée par Charles Fourier). Cela donne naissance à un paradoxe : si l'on construit des carrés dont le côté est de plus en plus petit, égal successivement aux inverses des entiers, il est impossible de trouver assez d'encre pour en repasser les côtés, mais on peut néanmoins peindre l'intérieur avec une quantité finie de peinture !

En effet un des résultats importants obtenus par Euler est que la surface totale de ces carrés vaut $\frac{\pi^2}{6}$, autrement dit $1+\frac{1}{4}+\frac{1}{9}+\frac{1}{16}+\cdots=\frac{\pi^2}{6}$, tandis que la série harmonique $1+\frac{1}{2}+\frac{1}{3}+\frac{1}{4}+\cdots$ diverge.

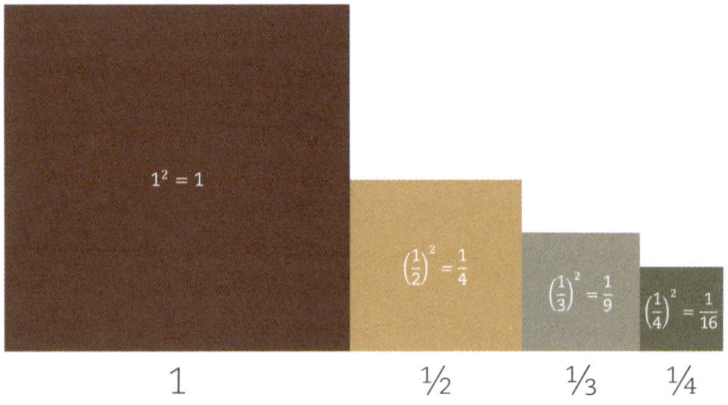

Voici l'argument de Nicole d'Oresme :

$$1+\frac{1}{2}+\underbrace{\frac{1}{3}+\frac{1}{4}}_{\geq\frac{1}{2}}+\underbrace{\frac{1}{5}+\frac{1}{6}+\frac{1}{7}+\frac{1}{8}}_{\geq\frac{1}{2}}+\cdots\geq 1+\frac{1}{2}+\frac{1}{2}+\frac{1}{2}+\cdots$$

puisque chacun des termes au-dessus de la même accolade est supérieur au dernier d'entre eux. Comme la somme d'une infinité de termes égaux à ½ est infinie, il en va de même pour la série harmonique.

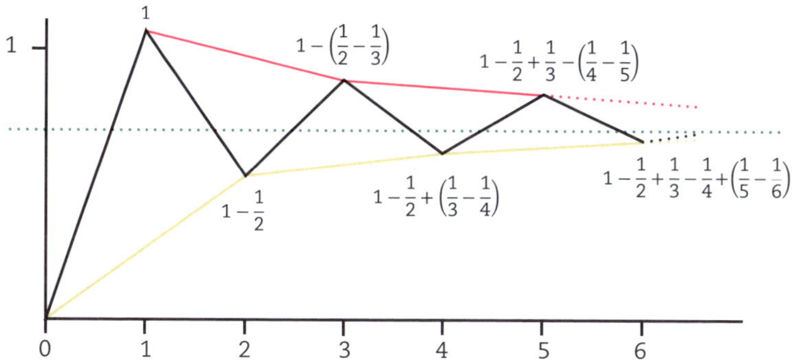

Plutôt que d'avancer vers un seuil, on peut encadrer un nombre. L'image est celle d'alterner avance-recule, avec des pas de plus en plus petits. Leibniz montra qu'une telle série est toujours convergente : par exemple, en modifiant la série harmonique en série harmonique alternée, on obtient $1-\frac{1}{2}+\frac{1}{3}-\frac{1}{4}+\frac{1}{5}-\frac{1}{6}+\frac{1}{7}-\frac{1}{8}+\cdots=\ln(2)$ où ln désigne la fonction logarithme népérien. Ce nombre est la solution de l'équation $e^x = 2$, avec e le nombre d'Euler. Et ce nombre n'est pas algébrique, tout comme π, que l'on peut obtenir avec une variante en ne considérant que les entiers impairs : $1-\frac{1}{3}+\frac{1}{5}-\frac{1}{7}+\frac{1}{9}-\frac{1}{11}+\frac{1}{13}-\frac{1}{15}+\cdots=\frac{\pi}{4}$. C'est cette formule, démontrée par Leibniz en utilisant de la géométrie, du calcul intégral et des séries, qui est l'archétype d'une série alternée de pas décroissant et tendant vers 0. Sans connaître la somme de cette série, Leibniz démontre qu'elle existe : c'est donc un moyen de créer de nouveaux nombres ! En effet, puisqu'on a affaire à un pas décroissant après un avance-recule, on a avancé, et après un recule-avance, on a reculé.

5 - Suite de Fibonacci

Plutôt que d'écrire des formules avec des points de suspension, on peut donner un algorithme permettant d'écrire un terme à partir du précédent. On fabrique alors naturellement ce qu'on appelle une suite. On note les termes de la suite u_n, où l'indice n indique le rang. Ainsi on va écrire : $u_1 = 1$, $u_2 = u_1 - \frac{1}{3} = 1 - \frac{1}{3}$, $u_3 = u_2 + \frac{1}{5} =$

$1-\frac{1}{3}+\frac{1}{5}$ et, plus généralement,

$$u_{n+1}=u_n+\frac{(-1)^n}{2n+1}=1-\frac{1}{3}+\frac{1}{5}+\cdots+\frac{(-1)^n}{2n+1}.$$

L'argument final du paragraphe précédent montre que la suite des termes pairs u_2, u_4, u_6 etc. est d'une part formée de termes de plus en plus grands et d'autre part tous inférieurs à u_1. Or une suite croissante de nombres n'a qu'une seule alternative, soit elle dépasse n'importe quel seuil et diverge donc vers l'infini, soit elle tend vers un seuil. On en déduit que la suite des termes pairs converge vers une quantité que l'on note a.

De même la suite des termes impairs est formée de termes de plus en plus petits, mais tous positifs. Elle tend donc elle aussi vers une certaine quantité b. Comme, de plus, la différence entre deux termes pair et impair successifs tend vers 0, puisque, $u_{n+1}-u_n=\frac{(-1)^n}{2n+1}$ on doit avoir $a = b$.

Et au final la suite u_n tend vers la limite commune de ses termes pairs et impairs.

Le type de suite que l'on vient d'étudier porte le nom de suites adjacentes. Plus généralement ce sont des suites $(U_1, U_2, U_3, \ldots)$ et $(V_1, V_2, V_3, \ldots)$ dont l'une est croissante, l'autre décroissante et telles que la différence entre deux termes de même rang tend vers 0.

Mais il existe d'autres types de suites. Archimède a par exemple étudié la suite des périmètres des polygones inscrits dans un cercle pour étudier la circonférence du cercle et calculer π. Une autre suite célèbre est la suite de Fibonacci. Elle a été introduite par Léonard de Pise, surnommé Fibonacci, pour étudier la croissance d'une population de lapins. Le modèle est assez cru et présenté comme une récréation mathématique par Fibonacci : « *Un homme met un couple de lapins dans un lieu isolé de tous les côtés par un mur. Combien de couples obtient-on en un an si chaque couple engendre tous les mois un nouveau couple à compter du troisième mois de son existence ?* »

Le premier mois il y a donc un couple : $F_1 = 1$. Le second mois, de même, puisque le couple n'est pas encore pubère : $F_2 = 1$. Le troisième mois voit l'apparition d'un deuxième couple : $F_3 = 2$.

D'une façon générale, au mois n apparaissent autant de lapins qu'il y en avait deux mois auparavant, de sorte que la quantité du mois précédent est augmentée de ces nouveaux lapins. Ceci s'écrit mathématiquement. $F_{n+2} = F_{n+1} + F_n$

La suite de Fibonacci est aussi une star des mathématiques. En voici les premiers termes : 1, 1, 2, 3, 5, 8, 13, 21, 34 … On la retrouve dans la nature, souvent associée au nombre d'or. Le nombre de spirales sur un ananas, par exemple, est un terme de cette suite (deux termes consécutifs si on compte les spirales dans un sens et dans l'autre). On peut montrer que cette suite est la somme de deux suites géométriques l'une de raison égale au nombre d'or Φ, l'autre égale à 1 – Φ. Comme ce dernier nombre est inférieur à 1 en valeur absolue ($1 - \Phi \approx -0{,}62$), la suite de Fibonacci se comporte sur le long terme comme une suite géométrique de raison Φ, et donc le rapport de deux termes successifs tend vers Φ. Voici les valeurs de ces rapports : 1 ; 2 ; 1,5 ; 1,6666… ; 1,6 ; 1,625 ; etc. Ces rapports encadrent alternativement le nombre d'or ($\Phi \approx 1{,}6180339887...$) par valeurs inférieures puis supérieures. On a encore affaire à deux suites adjacentes !

6 - VERS L'INFINI ET AU-DELÀ !

La notion de limite est assez fine car elle repose sur une intuition, mais celle-ci peut rapidement être mise en défaut. Un escalier dont les marches sont de plus en plus petites se rapproche d'une ligne droite (en pente). Pour autant la longueur de cet escalier (en comptant la largeur et la hauteur des marches) est toujours identique : c'est la largeur totale additionnée à la hauteur totale ; tandis que la longueur de la ligne « limite » est l'hypoténuse d'un triangle, et est donc inférieure.

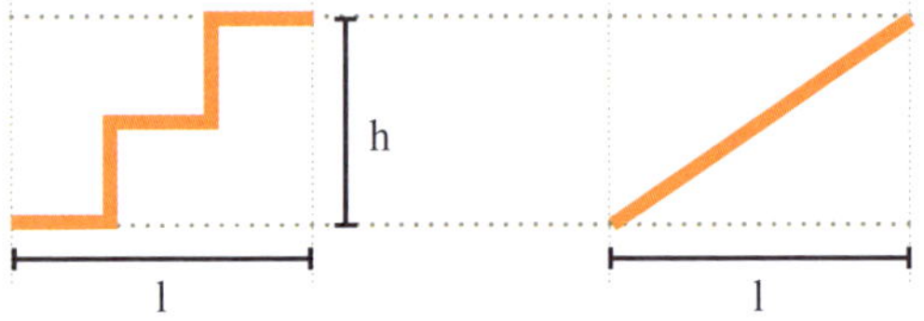

C'est l'analyse qui étudie mathématiquement la notion de limite : une suite $(U_1, U_2, U_3, \ldots)$ admet a comme limite si on peut jouer au jeu suivant : un premier joueur fixe une précision (si on mesurait des longueurs, ce premier joueur pourrait demander « au mètre près », « au millimètre près » etc.) et une seconde joueuse répond par un rang à partir duquel U_n est proche de a avec la précision demandée : la longueur de ce bateau est 4m20 au centimètre près, par exemple.

Voici un phrasé plus formel, donné par Jean Le Rond d'Alembert : étant donné un nombre réel strictement positif arbitraire x, on dispose d'un rang N tel que, pour tout n qui lui est supérieur, on a $|U_n - a| \leq x$.
On peut aussi jouer avec un nombre de décimales exactes. Par exemple le mathématicien indien du XIVe siècle Madhava de Sangamagrama a calculé π grâce à la série utilisée après lui par Leibniz. Il a pour cela dû travailler avec finesse : pour calculer les cinq premiers chiffres après la virgule, il faut en effet calculer 500 000 termes de la suite ! Mais en évaluant l'erreur commise, disons que l'erreur au rang n est à peu près égale à e_n, on peut anticiper sur cette erreur et corriger le tir, c'est-à-dire calculer $U_n + e_n$ au lieu de U_n. De la sorte avec une vingtaine de termes et du savoir-faire ! on peut obtenir une précision d'une dizaine de chiffres, ce qui est beaucoup mieux !

7 - Achille et la tortue

La notion de limite est intimement liée à la notion de nombre réel ou encore de droite réelle. Il faut penser à une droite continue pour imaginer une limite. Si la droite n'est qu'une succession de points, on se trouve immédiatement face à des paradoxes, mis au jour par les Grecs de l'Antiquité. Zénon d'Élée oppose le continu, le « Un et indivisible », à la pluralité et au divisible. Si Achille fait la course avec une tortue et que celle-ci a de l'avance au départ, le temps qu'il rejoigne son point de départ à elle, elle aura avancé. Il lui faudra à nouveau atteindre ce point, mais entre temps elle aura avancé etc.

C'est la notion de limite, ou de somme infinie, qui permet de répondre mathématiquement à ce paradoxe. Quant à la nature du mouvement et à la possibilité de le diviser, elle est modélisée par ce que la physique appelle vitesse et que les mathématiques nomment dérivée.

Supposons qu'Achille aille dix fois plus vite que la tortue et qu'elle ait 1 mètre d'avance. Pour parcourir ce mètre, Achille prendra un temps t. La tortue aura alors parcouru une certaine distance, qu'Achille parcourra en dix fois moins de temps, soit $0{,}1t$. La distance parcourue par la tortue durant ce laps de temps sera une fois encore parcourue dix fois plus vite par Achille, soit dans une durée de $0{,}01t$ etc.
Si on met bout à bout toutes ces durées, on obtient un temps de parcours total pour rattraper la tortue de $t + 0.1t + 0.01t + \cdots$ soit t fois 1,11111111111... et on a vu que cela fait $\frac{10t}{9}$. Une quantité belle et bien finie !

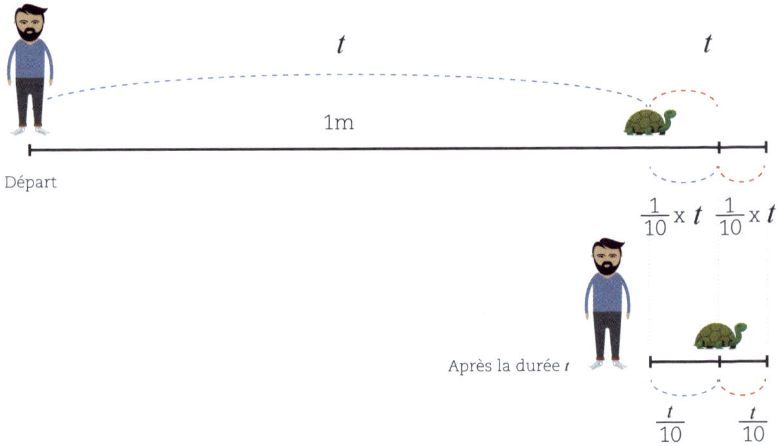

8 – Un calcul d'Archimède

Un autre problème cher aux Grecs est le calcul des surfaces (et des volumes). Quand on peut faire un modèle avec du papier quadrillé, une estimation de la surface est donnée en comptant le nombre de carreaux. Mieux, si on a un modèle en carton, on peut le peser et le comparer au poids d'une surface connue découpée dans le même carton.

Toutefois il arrive que le tracé même soit imprécis et que cette méthode n'ait pas une précision suffisante, ou qu'on ait envie de calculer la valeur exacte. On peut alors calculer la surface comme une limite de suite.

Prenons l'exemple de la parabole. Il y a plusieurs façons de la définir. Géométriquement, ou par pliage, on peut l'obtenir en marquant un point sur une feuille, qu'on appellera foyer de la parabole, et repliant le bord d'une feuille de façon à ce que le bord touche le foyer. On peut superposer n'importe quel point du bord de la feuille sur le foyer et on obtient ainsi plein de plis, et ces plis dessinent le contour d'une parabole.

D'un point de vue analytique, les points d'une parabole représentent le graphe d'une fonction polynomiale du second degré : pour une abscisse x donnée, l'ordonnée est égale à x^2 (en choisissant un bon repère).

Pour calculer l'aire sous une parabole, on peut dessiner des petits carrés, mais on peut tout aussi bien s'appuyer sur la fonction dont c'est le graphe. Entre deux points très proches, de coordonnées (a,a^2) et (b,b^2), l'arc de parabole ressemble à un segment. La surface comprise entre l'arc de parabole et l'axe des

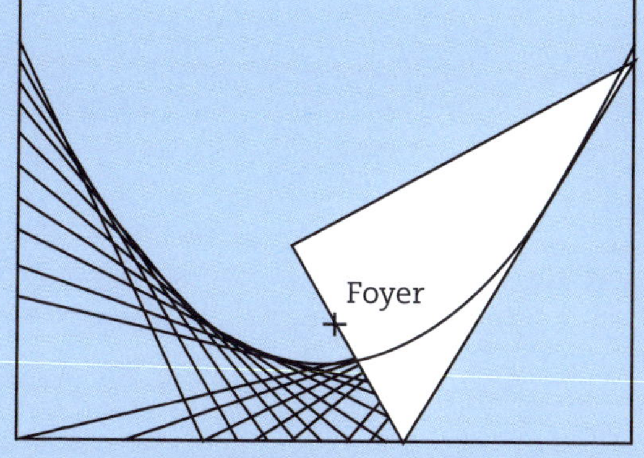

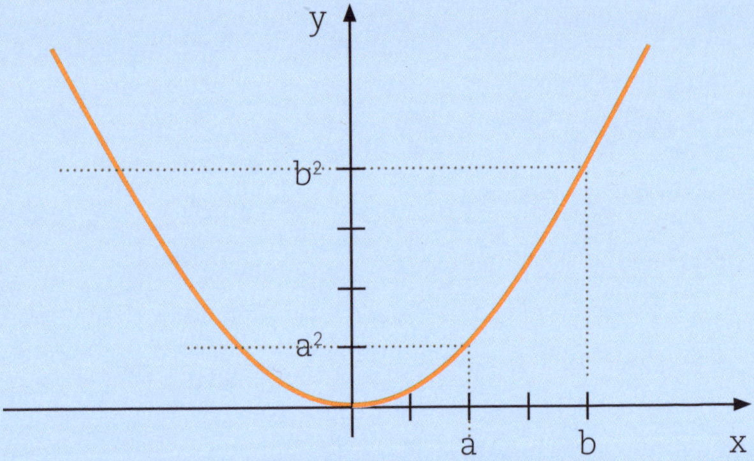
y
b²
a²
a
b
x

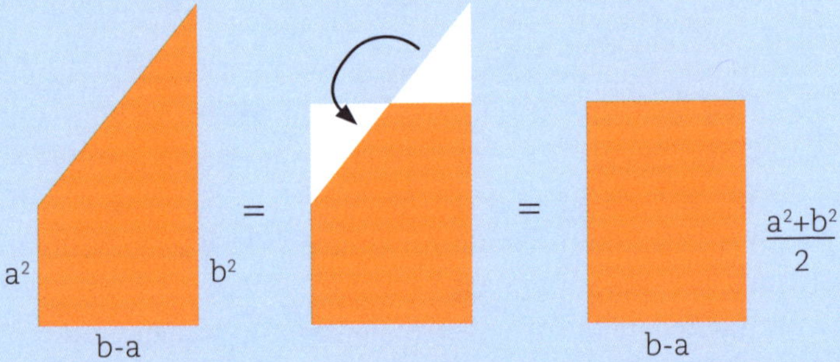
a²
b²
b-a
=
=
a²+b²
2
b-a

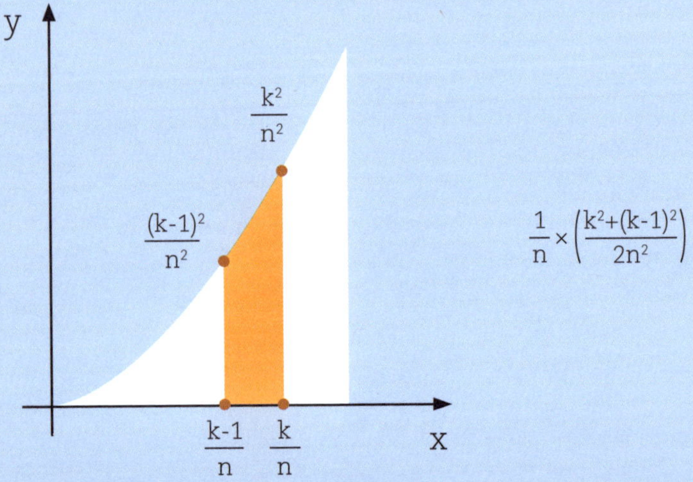
y
k²
n²
(k-1)²
n²
k-1
n
k
n
x
$\frac{1}{n} \times \left(\frac{k^2+(k-1)^2}{2n^2} \right)$

abscisses (ou le bord de la feuille) se calcule grâce à l'aire d'un trapèze, ce qui est aussi l'aire d'un rectangle de largeur b - a et de hauteur donnée par le milieu entre les deux points sur la parabole, donc $\frac{a^2+b^2}{2}$. Cette surface élémentaire est donc égale à $(b-a)\frac{a^2+b^2}{2}$

Pour que l'approximation soit correcte, il faut que a et b soient proches.

Nous allons calculer l'aire comprise sous la parabole entre 0 et x, donc entre les points (0,0), (1,0) et (1,1). On va prendre des points régulièrement espacés, de façon à former disons n rectangles élémentaires. Leur largeur sera donc de $\frac{1}{n}$, avec des points sur l'axe des abscisses de coordonnées $(\frac{k-1}{n},0)$ et $(\frac{k}{n},0)$.

La surface du trapèze est donc $\frac{1}{n}\times\frac{k^2+(k-1)^2}{2n^2}$ et donc la surface totale est donnée par :

$$\frac{1}{2n^3}\left(0^2+1^2+1^2+2^2+2^2+3^2+\cdots+(n-2)^2+(n-1)^2+(n-1)^2+n^2\right).$$

On a calculé la somme des nombres de 1 à n, ainsi que la somme des cubes de 1 à n. La somme des carrés se calcule aussi et on obtient $1^2+2^2+3^2+\cdots+n^2=\frac{n(n+1)(2n+1)}{6}$.

La surface totale est donc égale à $\frac{1}{2n^3}\times\frac{(n-1)n(2n-1)+n(n+1)(2n+1)}{6}$

soit en développant $\frac{n(4n^2+2)}{12n^3}$ ou encore $\frac{1}{3}+\frac{1}{6n^2}$.

Cette dernière aire tend vers $\frac{1}{3}$ lorsque n tend vers l'infini, ce qui est donc l'aire sous la parabole telle que l'avait calculée Archimède !

9 - Calcul différentiel

Le calcul précédent est très technique et, fort heureusement, Leibniz et Newton ont développé ce qu'on appelle le calcul infinitésimal, ou calcul différentiel et intégral, qui permet d'étudier l'aire sous la courbe comme une fonction de l'abscisse. Notons $f(x)=x^2$ et $F(x)$ l'aire sous la parabole entre les points d'abscisse 0 et x, ce que l'on note par un S stylisé : S comme somme (somme des surfaces d'une infinité de petits rectangles) ou surface : $F(x)=\int_0^x f(t)\mathrm{d}t$. Le membre de droite se lit « intégrale de 0 à x de f ». Par additivité des surfaces on a, pour $x<y$, $F(y)=F(x)+\int_x^y f(t)\mathrm{d}t$ de sorte que, si x et y sont très proches l'intégrale dans cette dernière formule est proche de la surface d'un rectangle élémentaire de largeur y - x et de hauteur $f(x)$.

On en conclut que l'accroissement de F entre x et y, que l'on note ∂F, est proportionnel à l'accroissement ∂x par un facteur égal à $f(x)$: $\frac{\delta F}{\delta x}=\frac{F(y)-F(x)}{y-x}\approx f(x)$.

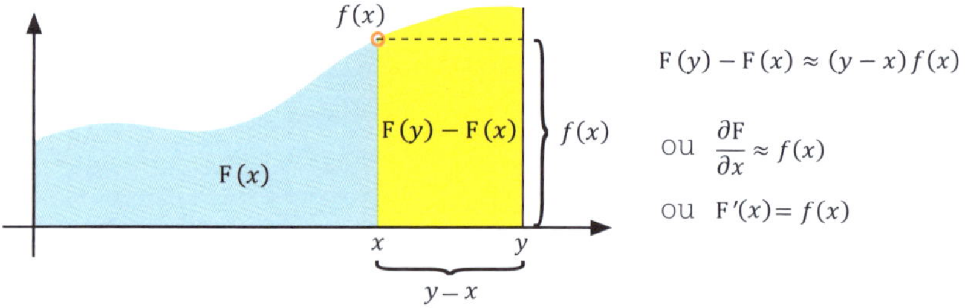

Autant le calcul d'une somme est technique, autant le calcul du taux d'accroissement est naturel. En effet la quantité $\frac{\delta F}{\delta x}$ n'est rien d'autre que la pente de la droite joignant les deux points $(x,F(x))$ et $(y,F(y))$. La limite de ce taux d'accroissement a une interprétation physique très simple : si un mobile se déplace le long d'une droite en étant au point $F(t)$ au temps t, alors la limite du taux d'accroissement est sa vitesse (instantanée) au même moment. En mathématiques on l'appelle la dérivée de F. Joseph-Louis Lagrange a introduit une notation commode pour cela : $F'(t)$. Autrement dit : si $F(x)=\int_0^x f(t)\mathrm{d}t$ alors $F'(x) = f(x)$. On dit que F est une primitive de f et que f est la dérivée de F.

On peut maintenant établir un tableau permettant de calculer les dérivées, ce qui permettra, en le lisant à l'envers, de trouver les primitives des fonctions usuelles.

Pour F constante, $\partial F = 0$ et donc F' est identiquement nulle. Si $F(x) = x$, alors $\partial F = \partial x$ et donc F' est constante égale à 1. Si $F(x) = x^2$, alors $\delta F = y^2 - x^2 = (y-x)(y+x) = \delta x(x+y)$ et par conséquent pour y proche de x, on a $\frac{\delta F}{\delta x} = \frac{F(y)-F(x)}{y-x} = y + x \approx 2x$ et donc $F'(x) = 2x$.

De même pour $F(x) = x^3$, on calcule $\frac{\delta F}{\delta x} = \frac{F(y)-F(x)}{y-x} = y^2 + xy + x^2 \approx 3x^2$ de sorte que $F'(x) = 3x^2$.

Par un argument de proportionnalité, on en déduit que si $F(x) = \frac{1}{3}x^3$ alors $F'(x) = x^2$, ce qui nous permet de retrouver l'aire sous la parabole sans avoir à passer par une somme compliquée !

$$\int_0^1 t^2 \mathrm{d}t = F(1) = \frac{1^3}{3} = \frac{1}{3}.$$

La dérivée de la fonction donnée par $F(x) = x^n$ est, plus généralement, donnée par $F'(x) = nx^{n-1}$. Ceci suffit à calculer les primitives des fonctions polynomiales. Quant à l'exponentielle, c'est encore plus simple : c'est, par définition, l'unique fonction qui vaut 1 en 0 et qui est égale à sa propre dérivée ! Euler en a donné une formule :

$$\exp(x) = 1 + \frac{x}{1!} + \frac{x^2}{2!} + \cdots + \frac{x^n}{n!} + \cdots = \sum_{n=0}^{\infty} \frac{x^n}{n!}.$$

Si on admet que l'on peut dériver terme à terme cette série, on trouve bien qu'elle est sa propre dérivée puisque la dérivée de la fonction qui à x associe est $\frac{x^n}{n!}$ celle qui lui associe $\frac{x^{n-1}}{(n-1)!}$.

F (x)	1	x	x^2	x^3	$\frac{1}{3}x^n$	x^n	$a.x^n$
F $'(x)$	0	1	$2x$	$3x^2$	x^2	nx^{n-1}	anx^{n-1}

10 - Dérivée seconde

La vitesse est à la position ce que l'accélération est à la vitesse. C'est une notion qui semble difficile à appréhender et pourtant on n'agit presque que sur l'accélération ! Quand on appuie sur l'accélérateur ou sur la pédale de frein d'une voiture, quand on pousse un objet pour le faire bouger ou plus généralement quand on exerce une force, les lois de Newton nous enseignent que l'on donne une accélération aux objets en proportion avec cette force (en intensité comme en direction) et de façon inversement proportionnelle à leur masse.

donnée par le ministère des Finances. Que faut-il attendre de cette fonction ? La première chose à dire est que le taux d'accroissement entre l'origine (0,0) et un point du graphe (R,I) est égal à I/R, c'est-à-dire au taux d'imposition. Il semble naturel d'espérer que ce taux ne soit pas plus élevé pour des revenus plus faibles ! Un taux constant, c'est un taux comme la TVA, un taux fixe. Un taux qui varie, lui, doit augmenter avec le revenu, du moins si le but de l'impôt est la répartition (ou la redistribution) des richesses. La courbe doit donc être convexe !

D'ailleurs les fonctions convexes ont une autre propriété : la valeur entre deux points est inférieure à la valeur moyenne, autrement dit $F\left(\frac{x+y}{2}\right) \leq \frac{1}{2}\left(F(x)+F(y)\right)$.

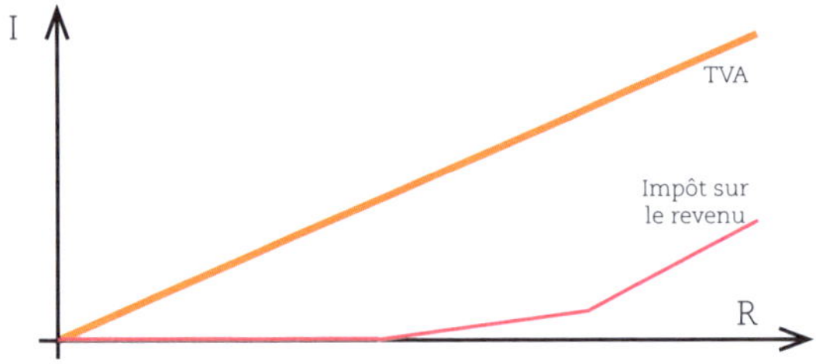

Imaginons en effet que x soit inférieur à y. Alors, puisque F accélère en permanence, son accroissement entre x et le milieu de x et y est inférieur à celui entre ce milieu et y : $F\left(\frac{x+y}{2}\right)-F(x) \leq F(y)-F\left(\frac{x+y}{2}\right)$, ce qui est la relation recherchée, à récriture près.

12 - MOYENNES

Les fonctions convexes étant celles de dérivée seconde positive, on trouve parmi elles les fonctions puissances : si $F(x) = x^n$ alors $F'(x) = nx^{n-1}$ et $F''(x) = n(n-1)\,x^{n-2}$. Pour n entier, même négatif, le produit $n(n-1)$ est positif (ou nul) et on a donc affaire à une fonction convexe (sur l'ensemble des nombres réels positifs).

Puisque la fonction carré est convexe, le carré d'une moyenne est inférieur à la moyenne des carrés. On l'a vu pour une moyenne de deux nombres, mais l'argument est le même pour une moyenne de plus de deux nombres. On a donc

$$\left(\frac{x_1+x_2+\cdots+x_n}{n}\right)^2 \leq \frac{x_1^2+x_2^2+\cdots+x_n^2}{n}$$

ou encore, en prenant les racines carrées de ces expressions

$$\frac{x_1+x_2+\cdots+x_n}{n} \leq \sqrt{\frac{x_1^2+x_2^2+\cdots+x_n^2}{n}}.$$

Le membre de gauche est la moyenne au sens habituel, ou encore moyenne arithmétique des n nombres (positifs) x_1, x_2, …, x_n. Le membre de droite est appelé moyenne quadratique de ces nombres.

Plus l'ordre d'une moyenne est élevé, plus elle favorise les performances isolées : prenons deux ensembles de notes, par exemple, (12,12,12) d'un côté et (6,12,17) de l'autre. Les moyennes arithmétiques sont en faveur du premier ensemble : 12 dans un cas, 11,7 dans l'autre. Pour les moyennes quadratiques, on trouve encore 12 dans le premier cas mais 12,5 dans l'autre ! Autrement dit si on veut valoriser le 17, une moyenne quadratique est plus adaptée.

Il existe plein d'autres façon de fabriquer des moyennes ! En fait, en considérant un nombre (réel) r, on peut poser :

$$M_r(x_1,x_2,\cdots,x_n)=\left(\frac{x_1^r+x_2^r+\cdots+x_n^r}{n}\right)^{1/r}$$

la moyenne d'ordre r. Pour $r=1$, c'est la moyenne arithmétique, pour $r=2$ c'est la moyenne quadratique, pour $r=-1$ on parle de moyenne harmonique. Quant au cas $r=0$, un passage à la limite permet de définir la moyenne géométrique par la formule $M_0(x_1,x_2,\cdots,x_n)=(x_1x_2\ldots x_n)^{1/n}$. Ce n'est pas totalement immédiat, mais la convexité de la fonction donnée par $x^{r/s}$ pour $r>s$ permet de conclure au fait que les moyennes sont classées par ordre croissant.

En reprenant l'exemple précédent, si on voulait accentuer l'écart avec un ensemble non régulier de notes, on pourrait opter pour la moyenne géométrique (12 contre 10,7 dans le second cas) ou la moyenne harmonique (12 contre 9,7).

Ainsi, plutôt que de toujours opter pour la moyenne arithmétique, on pourrait réfléchir à ce qu'on veut valoriser : les performances ou la régularité.

Sur le dessin on peut visualiser les différentes moyennes : HM harmonique, GM géométrique, AM arithmétique et QM quadratique.

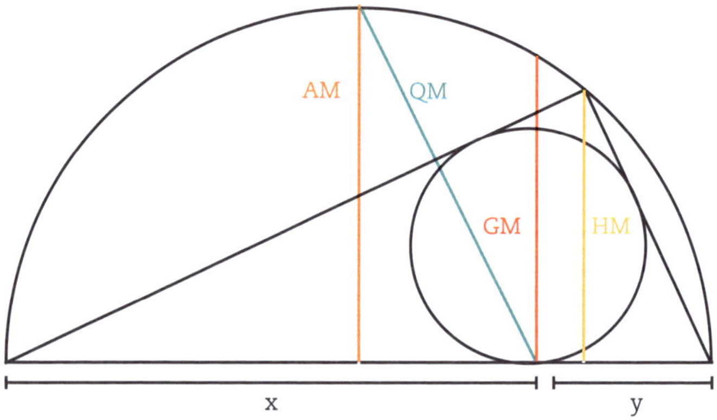

QM≥AM≥GM≥ HM

l'aire du triangle est xy

13 - INÉGALITÉ DE CAUCHY-SCHWARZ

Tout l'art de l'analyse réside très souvent dans les inégalités : encadrement d'un nombre par des suites adjacentes, majoration d'une suite, placement d'une tangente sous une courbe, inégalités de convexité, inégalités entre moyennes… Tout ce chapitre peut se lire avec le filtre des inégalités. Là où l'algèbre a pour ambition d'effectuer un calcul exact, l'analyse cherche très souvent à le rendre effectif en obtenant des approximations suffisamment précises.

L'inégalité la plus puissante est sans doute l'inégalité de Cauchy-Schwarz. On la démontre très souvent à l'aide d'un outil hybride entre algèbre et analyse, le produit scalaire, mais on peut l'obtenir très simplement par convexité. On constate d'abord que pour deux nombres x et y, on a $xy \leq \frac{1}{2}(x^2+y^2)$ par exemple parce que la moyenne géométrique est inférieure à la moyenne quadratique. On considère maintenant n nombres (positifs) $x_1, x_2, \dots, x_n$, d'une part et n autres nombres (positifs) $y_1, y_2, \dots, y_n$, d'autre part, chacun de ces groupes de nombres étant de moyenne quadratique égale à 1. En sommant les inégalités $xy \leq \frac{1}{2}(x^2+y^2)$ pour chacun des indices, on obtient

$$\begin{aligned}\frac{x_1y_1+x_2y_2+\cdots+x_ny_n}{n} &\leq \frac{1}{2}\frac{x_1^2+x_2^2+\cdots+x_n^2}{n}+\frac{1}{2}\frac{y_1^2+y_2^2+\cdots+y_n^2}{n}\\ &=\frac{1}{2}+\frac{1}{2}=1\end{aligned}$$

Autrement dit si deux groupes de nombres ont chacun une moyenne quadratique égale à 1, alors la moyenne arithmétique de leurs produits terme à terme est inférieure à 1.

Supposons maintenant que la moyenne quadratique des groupes de nombres soit différente de 1 ; on les note respectivement $M_2(x)$ et $M_2(y)$. Par construction d'une moyenne, les nombres $\frac{x_1}{M_2(x)}, \frac{x_2}{M_2(x)}, \dots, \frac{x_n}{M_2(x)}$ admettent 1 comme moyenne quadratique.

En effet

$$\begin{aligned}\frac{1}{n}\left(\left(\frac{x_1}{M_2(x)}\right)^2+\left(\frac{x_2}{M_2(x)}\right)^2+\cdots+\left(\frac{x_n}{M_2(x)}\right)^2\right) &= \frac{1}{M_2(x)^2}\frac{x_1^2+x_2^2+\cdots+x_n^2}{n}\\ &=\frac{1}{M_2(x)^2}M_2(x)^2=1.\end{aligned}$$

On peut appliquer le résultat précédent aux nombres $\frac{x_1}{M_2(x)}, \frac{x_2}{M_2(x)}, \dots, \frac{x_n}{M_2(x)}$ et $\frac{y_1}{M_2(y)}, \frac{y_2}{M_2(y)}, \dots, \frac{y_n}{M_2(y)}$ afin d'obtenir $\frac{1}{M_2(x)M_2(y)}\frac{x_1y_1+x_2y_2+\cdots+x_ny_n}{n} \leq 1$ ou encore $M_1(x_1y_1, x_2y_2, \cdots, x_ny_n) \leq M_2(x)M_2(y)$.

On peut récrire ce résultat sous la forme suivante

$$x_1y_1+x_2y_2+\cdots+x_ny_n \leq \sqrt{x_1^2+x_2^2+\cdots+x_n^2}\sqrt{y_1^2+y_2^2+\cdots+y_n^2}$$

dont l'interprétation géométrique est la suivante quand on pense à deux points du plan de coordonnées respectives (x_1, x_2) et (y_1, y_2) : les deux racines carrées s'écrivent $\sqrt{x_1^2+x_2^2}$ et $\sqrt{y_1^2+y_2^2}$ et on reconnaît la distance des deux points à l'origine (grâce au théorème de Pythagore), quant au membre de gauche, c'est le fameux produit scalaire $x_1y_1+x_2y_2$.

Celui-ci est également une surface, celle du parallélogramme construit avec les points suivants : l'origine, le premier point, le second point tourné de 90° et un quatrième point, opposé à l'origine dans le parallélogramme. Par exemple, pour (4,3) et (2,0), on forme les quatre points ainsi : l'origine est (0,0), le premier point est (4,3), le second point tourné de 90° est (0,2) puisqu'on le déplace de l'axe des abscisses à celui des ordonnés et enfin le point opposé à l'origine s'obtient en sommant les coordonnées des deux autres, soit (4,5). La surface de ce parallélogramme est 8, tandis que les longueurs des deux côtés sont 5 et 2, et on a bien $8 \leq 2 \times 5$.

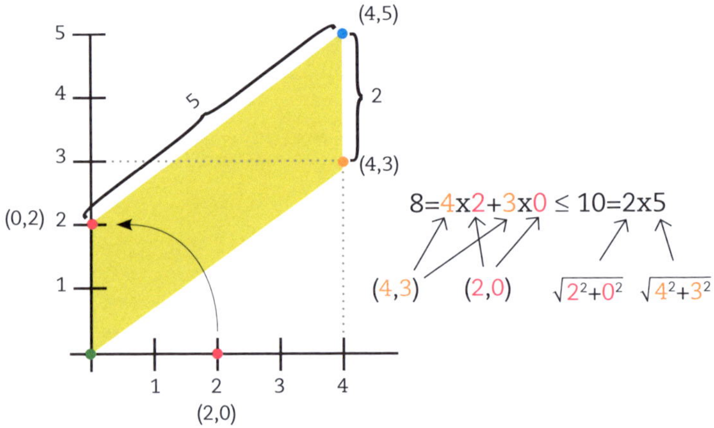

On peut même évoquer le cas d'égalité : la surface d'un parallélogramme est égale au produit des longueurs de ses côtés uniquement dans le cas d'un rectangle. Comme on a tourné de 90°, cela revient à dire que les deux points du plan étaient alignés, ou encore que leurs coordonnées étaient proportionnelles.

14 - Agrandir avec de la symétrie

La légende dit que Carthage fut construite par la reine Dido grâce à une ruse ... et à une inégalité de convexité ! Comme on lui offrait un territoire qui pouvait être délimité par la peau d'un bœuf, elle la fit découper en lanières et chercha la plus grande surface qu'elle pouvait enfermer à l'intérieur. Autrement dit ayant un périmètre donné, elle chercha la plus grande surface associée à ce périmètre.

L'inégalité entre moyennes géométrique et arithmétique indique entre autre qu'à périmètre fixé, un rectangle a la plus grande surface lorsque c'est un carré : si ses côtés ont comme longueurs x et y, son périmètre P est égal à $2(x+y)$ et sa surface S est égale à xy, et on a $\sqrt{xy} = \sqrt{S} \leq \frac{P}{4} = \frac{x+y}{2}$ ou encore, en élevant au carré, $S \leq \frac{P^2}{16}$. Puisque S est toujours inférieur à une quantité fixe, la plus grande surface que l'on puisse espérer est quand elle est égale à cette quantité. Or le cas d'égalité dans l'inégalité entre moyennes géométrique et arithmétique est obtenu quand tous les nombres sont égaux : ici cela veut dire que le rectangle a des côtés de même longueur et est donc un carré.

$S = 36 = 6 \times 6$
$P = 24 = 4x6$

$S = 27 = 3 \times 9$
$P = 24 = 2 \times (9+3) = 2 \times 12$
$27 \leq 36$

$S = 36 = 3 \times 12$
$P = 30 = 2 \times (12 + 3) = 2 \times 15$
$30 \geq 24$

En fait, plus généralement, ce sont les figures les plus symétriques (et convexes) qui maximisent la surface, et donc le cas le plus favorable est celui du disque. Comme c'est le cas le meilleur on en déduit qu'on a toujours $S \leq \frac{P^2}{4\pi}$: c'est l'inégalité isopérimétrique.

Quand on s'intéresse à des volumes, on peut se demander quelle est le volume maximal contenu à l'intérieur d'une surface fixée. La réponse est encore la plus symétrique possible : la sphère. C'est d'ailleurs cette réponse que donnent les bulles de savon ! La tension de surface causée par le savon dans l'eau fait en sorte que le volume d'air enfermé dans une bulle (et qui est donc fixé au moment de la formation de la bulle) le soit dans une surface la plus petite possible. Autrement dit à volume fixé, la surface la plus petite possible enfermant ce volume est celle de la sphère.

Ces questions sont très dures en général. En voici deux exemples pour clore ce chapitre :

- on ne sait que depuis 2002 que, étant donné deux volumes fixés, la plus petite surface enfermant ces deux volumes dans deux « espaces » séparés est bien la « double bulle » formée de deux bulles accolées le long d'une paroi sphérique formant des angles de $2\pi/3$ entre elles ;

- on ne sait que depuis le 10 août 2014 que la démonstration fournie en 1988 par Thomas Hales en réponse à la conjecture formulée par Johannes Kepler en 1611 est entièrement correcte. La conjecture affirme pourtant simplement qu'il n'y a pas de façon plus dense d'empiler des oranges que celle utilisée par tous les marchands de fruits : en les plaçant d'abord sur la table, chacune étant entourée par six autres, puis en répétant la même configuration mais en la plaçant dans les creux créés par la première, c'est-à-dire en quinconce, etc.

DÉCISION, VOTE, PARTAGE

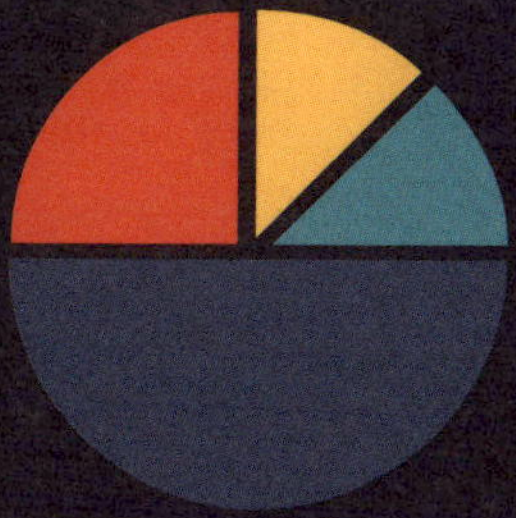

INTRODUCTION

Dans ce chapitre nous présentons quelques résultats, parfois paradoxaux, autour de la question de l'aide à la décision. Il est d'usage de penser que les mathématiques reflètent un acte de pensée pure, absent de toute subjectivité, rationnellement inattaquable. Cette froide rigueur est présentée à la fois comme un atout, car ce qui est démontré par les mathématiques ne souffre aucune exception, aucune contestation, mais aussi comme un défaut. Au point que cela peut conduire à dénier aux mathématiques toute application dans les domaines où la rationalité est absente, voire à tout domaine humain, comme les sciences sociales.

Nous allons d'abord explorer comment un simple calcul peut être mené de plusieurs façons différentes selon ce qui est attendu de lui. Ici le mot calcul n'est pas à prendre au sens mathématiques : 1+1 fait toujours 2 en mathématiques, mais par contre la légitimation de ce calcul n'est pas toujours évidente… Fallait-il faire une addition ? Une multiplication ? Peut-on même additionner ces nombres, par exemple si ce sont des choux et des carottes ?

La pertinence d'un modèle ne vient pas des calculs qui y sont menés. Les mathématiques d'un modèle sont d'une nature bien différente de celles des calculs algébriques : en paraphrasant André Weil, si la logique et le calcul algébrique sont l'hygiène du modèle mathématique, là ne réside pas sa pertinence. C'est souvent par la critique d'un modèle par un autre modèle qu'on en vient à choisir les bonnes interprétations et à décider de façon plus juste, ou en tout cas moins arbitraire.

Le premier exemple est celui du partage après une mise en commun, comme un mariage après un divorce. La diversité des contrats de mariage indique que la société n'a pas encore trouvé de recette miracle, mathématique, pour résoudre ce problème. C'est

que le hasard intervient implicitement au moyen des aléas de la vie. On se posera ensuite des questions sur le partage : d'un gâteau, d'une colocation. Les réponses feront intervenir des représentations du problème par la géométrie. Enfin nous verrons que les mathématiques peuvent aussi s'occuper de questions purement qualitatives : pour qui voter ? Là encore des dessins pourront aider.

Ce chapitre contient des théorèmes venant de tous les horizons puisqu'ils ont été démontrés par des mathématicien(ne)s ayant souvent plusieurs casquettes : femme ou homme politique, philosophe, économiste …

1 - Partage

Aliénor et Jeanne sont amies. Jeanne a perdu la plupart de ses billes, faute de chance au jeu. Aliénor, plus en veine, possède un beau sac bien rempli de billes. Elles décident de faire équipe et de mettre leur billes en commun : les 45 billes d'Aliénor et les 5 billes de Jeanne.

Avec leurs 50 billes, elles jouent de mars à juin. Durant les récréations, elles jouent avec leurs camarades : chacun(e) pose une bille, puis essaye de « tirer » celle de l'autre, à son tour. C'est un jeu où finalement l'agilité n'a pas tant d'importance, la chance y fait beaucoup, la chance et la persuasion quand on voudrait bien que l'autre remette en jeu la belle bille qu'on a perdue lors de la récré précédente !

Toujours est-il que quand arrivent les vacances, Jeanne et Aliénor ont 70 billes ! Comment vont-elles se les partager ? Bien sûr il y aura des considérations sur la qualité et l'esthétisme des billes. Mais arrivera bientôt l'épineuse question du nombre de billes.

Un partage fifty-fifty ? 35 billes chacune ! Ce n'est pas à l'avantage d'Aliénor qui vient de perdre 10 billes alors que son équipe a au contraire gagné des billes.

Fifty-fifty, mais seulement sur les gains ? 55 billes pour Aliénor et 15 pour Jeanne.

Au prorata de ce que chacune a amené ? 63 pour Aliénor et 7 pour Jeanne. Ce n'est pas cher payé pour toute la sueur dépensée par Jeanne !

Les mathématiques fournissent l'hygiène du calcul, mais ne peuvent trancher ces questions avant tout sociales. Dans la situation présentée, on peut être tenté par la solution de partage des gains à moitié.

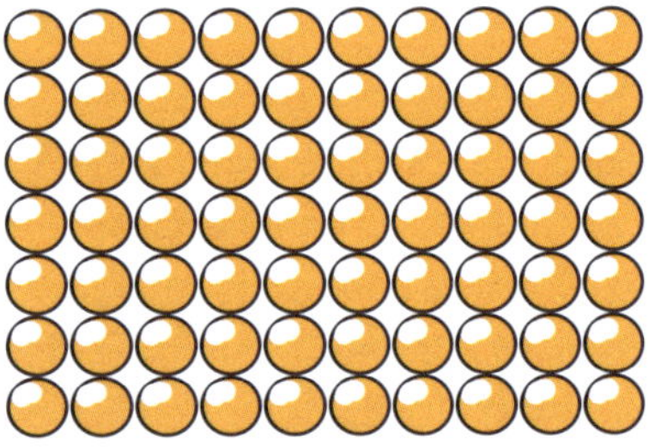

50

Pile | Face

45 Aliénor | **5** Jeanne

70

MOITIÉ/ MOITIÉ

35 pour Aliénor

35 pour Jeanne

SUR LES GAINS

70-50=20

20/2=10

45+10=55 Aliénor

5+10=15 Jeanne

AU PRORATA

45/50=90%

5/50=10%

70x90% **63** Aliénor

70x10% **7** Jeanne

2 - Pour le meilleur et pour le pire

Le partage n'est déjà pas chose facile quand on gagne, mais c'est pire quand on perd. Supposons que Jeanne et Aliénor voient arriver l'été en n'ayant plus que 30 billes.

Le partage fifty-fifty amène Jeanne à gagner des billes malgré tout puisqu'elle repart avec 15 billes par rapport à ses 5 billes initiales.

Si on ne s'occupe que de ce qui a été perdu, à savoir 20 billes, alors Jeanne ne peut tout simplement pas s'en sortir puisqu'alors elle doit repartir avec 10 billes de moins que ce qu'elle avait au départ. Non seulement elle n'a plus de bille, mais en plus elle en « doit » encore 5 à Aliénor !

Si on ne raisonne qu'au prorata, alors Aliénor repart avec 27 billes et Jeanne avec 3. C'est Aliénor qui endosse la plus grosse part de la perte.

Une fois encore, les mathématiques permettent de calculer ce qui résulte d'un choix de mode de partage, mais pas nécessairement de trouver ce qui est le plus juste !

Il existe bien d'autres façons de partager et, dans un autre contexte comme celui des mariages, la société a développé bien des façons de traduire l'engagement « pour le meilleur et pour le pire » !

3 - Dis-moi ton ennemie, je te dirai si nous sommes amies !

Les situations envisagées dépendent en fait à chaque fois d'une tierce personne ou plutôt d'événements hasardeux que l'on ne peut pas prévoir. Ce type de situation est celle connue en mathématiques sous le terme « Ruine du joueur ». Typiquement deux joueur(se)s s'affrontent à *pile* ou *face*. Chacun(e) a une somme initiale, puis en fonction d'un lancer de pièce donne une pièce à son adversaire ou au contraire en reçoit une de sa part.

La question qu'on se pose est de savoir, si la pièce n'est pas truquée, lequel des deux ruinera l'autre. Supposons que la répartition initiale soit déséquilibrée, disons 45 contre 5 comme

Aliénor et Jeanne. Disons qu'Aliénor gagne avec des *pile*. Dans ce cas, si elle gagne, il y aura eu 5 tirages de *pile* de plus que de *face*. À l'inverse, si elle perd, c'est 45 tirages de *face* de plus que de *pile* qu'il aura fallu. C'est la première de ces deux situations qui se réalise qui décidera de celle qui est ruinée.

Il n'est pas besoin de calculer pour se rendre compte que Jeanne a beaucoup moins de chances de gagner. Il faut un peu de calcul pour quantifier cette affirmation, mais disons qu'en gros : si les sommes de départ sont très déséquilibrées, les jeux sont pratiquement faits d'avance, mais si les sommes sont presque identiques, alors on se rapproche d'une chance sur deux de gain, avec un léger avantage à la joueuse qui a la somme de départ la plus importante.

Alors ? Quand est-ce que Jeanne et Aliénor ont intérêt à s'allier ? Ou plutôt quand est-ce qu'Aliénor y gagne significativement quelque chose de plus en terme de chances de gain ? Eh bien, ça dépend de son adversaire ! Si celui-ci a un peu plus qu'elle, disons 47, alors passer de 45 à 50 fait toute la différence ! Par contre, si elle est opposée à un adversaire totalement démuni ou richissime, l'alliance ne changera rien. Si bien que si on fixe les termes du pacte avant de connaître ce que l'avenir nous réserve comme adversités, il sera bien difficile de faire un choix rationnel !

Les alliances (honnêtes!) sont avant tout des paris sur l'avenir.

4 - Décision

Dans cet exemple de partage de billes, les mathématiques fournissent une aide à la décision. Mais les modèles se fondent sur des *a priori* qui n'ont rien de mathématique : en décidant de mathématiser une situation, en lui associant une procédure de calcul, on s'inscrit dans une certaine logique qui décide, peu ou prou, de la conduite à tenir. Mais viendra le temps de l'interprétation du résultat et aussi de la critique de la modélisation initiale. Il est important de voir que la « démonstration par $a + b$ » ou la conclusion « c'est mathématique ! » cachent le plus souvent des arguments d'autorité, quand ils ne sont pas tout simplement des boutades. Car les mathématiques sont fondamentalement polysémiques, porteuses de plusieurs sens. Comme disait Henri Poincaré, faire des mathématiques c'est donner le même nom à des choses différentes. Il m'arrive fréquemment de lire des analyses (mathématiques), d'être en plein accord avec les arguments et les calculs et d'arriver à la conclusion exactement opposée à celle proposée !

Quand on s'appuie sur des mathématiques, et c'est notamment le cas avec des statistiques, il ne faut pas perdre de vue le cheminement suivi : le passage du réel à la mise en forme mathématique, d'une part, et l'interprétation que l'on fait du résultat pour le connecter à la question de départ. Cela requiert une vigilance constante.

Nous allons illustrer ces problèmes en montrant à la fois la puissance des mathématiques, en ce sens qu'elles aident vraiment à décider rationnellement, et leurs limites, en ce sens qu'il ne faut pas non plus leur prêter de pouvoirs magiques !

5 - VOTE ET MENSONGE

Dans les questions de billes, on s'est toujours arrangé pour que ça tombe « juste ». Avec la même situation de départ, supposons que l'équipe n'ait gagné (ou perdu) qu'une bille ? À qui l'attribuer ? On se retrouve dans une situation de choix social, comme les situations de vote. Pour décider à qui attribuer la bille, Aliénor et Jeanne font appel à leurs ami(e)s et leur demandent de voter. Spontanément, on songe à un scrutin majoritaire : celle qui reçoit le plus de votes est celle qui reçoit la bille. Est-ce la seule façon de procéder ? Certainement pas !

Le scrutin majoritaire renvoie une image d'équité mais tout comme les situations de parcours dans une marelle (voir le chapitre Probabilités), il correspond à une situation d'ignorance et d'absence de hasard. On pourrait par exemple décider, si elles ont quinze ami(e)s, que celle des deux qui récolte un nombre impair de voix remporte la bille. Dans ce cas, on se rapproche de la loterie, ce qui est une manière d'évacuer le stress de la situation. De plus, tout changement de vote amène un changement de résultat, ce qui va certainement alimenter les discussions.

On pourrait aussi, pour tenir compte de la différence de nombre de billes initiale, décider qu'un vote pour Aliénor compte pour 9. Il faudrait alors une quasi-unanimité pour que Jeanne récupère la bille, mais ça reste possible. En mathématiques, on envisage tous les systèmes possibles et on les qualifie. Un critère, par exemple, est l'absence de stratégie, c'est-à-dire que chacun(e) ait intérêt à voter selon ce qu'il pense, sans mentir, sans messe basse : tout se passe dans l'urne ! La situation de loterie n'est pas de celles-là : si on sait qu'il y a déjà un nombre impair de votes pour sa « candidate », on a intérêt à voter contre !

Quand il n'y a que deux issues, pour éviter toute stratégie, il ne faut pas avoir de situation où avec 10 ou 15 voix c'est Jeanne qui l'emporte, mais avec 12 voix (pour Jeanne) c'est Aliénor. Car si 12 personnes pensent voter pour Jeanne, alors il faut que deux d'entre elles déguisent leur opinion et votent pour Aliénor afin que … Jeanne gagne !

Autrement dit pour empêcher tout mensonge il faut fixer un seuil : à partir de tant de voix pour Jeanne, c'est elle qui gagne, et sinon elle perd.

6 - Colorier pour choisir

Imaginons deux colocataires ayant trouvé un appartement à deux chambres, toutes deux acceptables mais différentes. Chacun(e) a également des ressources différentes et il leur vient à l'idée de répartir les charges en fonction de la chambre occupée : l'une est plus grande, l'autre a une vue sur la rivière etc. Comment trouver un prix de telle sorte que chacun(e) des deux n'envie pas l'autre et soit satisfait(e) de la répartition ?

La réponse passe par un coloriage ! Avant d'expliquer comment on se sert du coloriage, on va d'abord le faire. Sur un segment de droite, on place des graduations comme autant d'encoches sur un bâton. On colorie les deux extrémités avec deux couleurs différentes, disons rouge et vert, puis chacune des graduations en rouge ou en vert, aléatoirement. Le résultat mathématique est qu'il y a deux graduations successives qui ont des couleurs différentes. On le voit bien : en parcourant le segment de l'extrémité verte à la rouge, il arrivera qu'en passant d'une graduation à la suivante, on change de couleur, sinon la seconde extrémité serait verte, comme la première.

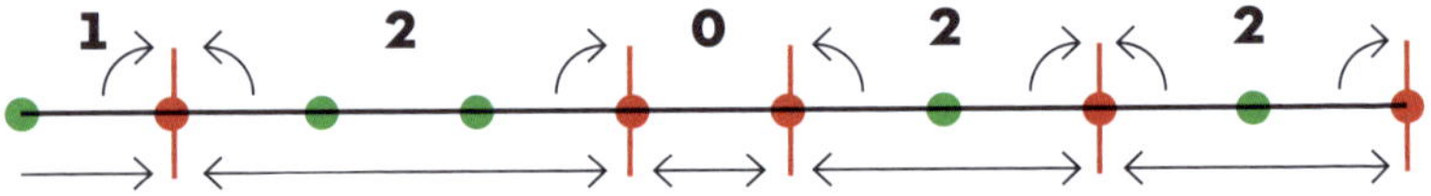

Voici un autre argument : on décide que les graduations vertes sont des portes, et les autres sont des murs. On fabrique ainsi des « couloirs » plus ou moins longs selon leur nombre de portes. Un seul couloir donne vers l'extérieur : celui de l'extrémité verte. Ce couloir ayant un mur (à l'opposé de la sortie), il correspond à un changement de couleur. Les autres couloirs ont deux murs et correspondent à deux changements de couleur, un de chaque côté. Il y a donc en fait un nombre impair de changements de couleur.

7 - Le bon équilibre

Voici maintenant comment se servir du coloriage. L'idée est proche de la façon la plus simple de trouver le point d'équilibre d'un stylo ou d'un bâton : on le tient à bout de bras en le soutenant par deux doigts, puis on rapproche les deux doigts, pas trop vite, sans se soucier d'autre chose ; à la fin du mouvement les deux doigts sont collés au niveau du point d'équilibre du stylo ou du couteau.

On prend un bâton et on attribue des couleurs : blanc et noir pour les locataires, vert et rouge pour les chambres. Un point du bâton est interprété comme une répartition des charges entre les pièces. À l'extrémité gauche, la pièce verte est gratuite tandis que le locataire de la pièce rouge paye tout le loyer. Dans cette situation, on suppose que le locataire de la pièce verte est nécessairement content. Au milieu, les charges sont réparties de façon égale entre les deux pièces. À un quart sur le côté gauche, le locataire de la pièce verte paiera un quart du loyer, etc.

Prenons notre bâton et plaçons les doigt à deux endroits, en les rapprochant. Pour simplifier on peut dire qu'on les a positionnés respectivement à $\frac{1}{3}$ et $\frac{2}{3}$ de la longueur. On obtient quatre points remarquables : les deux extrémités et les deux points intérieurs. On leur met alternativement une étiquette blanche ou noire, chaque couleur correspondant à l'un des locataires. Puis on demande à chacun(e) de choisir, si l'étiquette est de sa couleur, quelle chambre lui conviendrait au vu de la répartition des charges : blanc choisit la pièce verte gratuite (correspondant à l'extrémité gauche du bâton) et doit choisir entre vert pour $\frac{2}{3}$ du loyer ou rouge pour $\frac{1}{3}$ du loyer. De son côté noir choisit la pièce rouge gratuite et doit se prononcer entre vert pour $\frac{2}{3}$ du loyer et rouge pour $\frac{1}{3}$ du loyer. Ceci donne naissance à un coloriage. D'après ce qu'on a dit précédemment, il y a deux points consécutifs qui sont coloriés l'un en vert, l'autre en rouge. Comme ils ont aussi des étiquettes de couleurs différentes, cela veut dire qu'on a trouvé une situation où chaque locataire est content avec une pièce différente. Le souci est que cette satisfaction est liée à des répartitions différentes.

Qu'à cela ne tienne, on recommence ! On rapproche encore les doigts (avec comme nouvelle position de départ pour les doigts les deux points consécutifs qu'on vient de trouver). On trouve alors une nouvelle situation de satisfaction mutuelle, mais avec des charges plus proches. En recommençant encore et encore, on finit par trouver une situation où les parts de loyers respectives, arrondies à l'euro, sont identiques en les deux points obtenus.

Exemple : pour un loyer à 1 000 €. On va prendre pour échelle les nombres de 0 à 1 000. On déplace les doigts et on tombe sur 300 et 700. Avec ce tirage, Jay accepte la pièce verte pour 300 € tandis que Stéphane accepte la pièce rouge pour 300 € (1 000 € - 700 €). L'écart entre 300 et 700 est de 400. On déplace les doigts, chacun de 100 vers l'intérieur. Jay a déjà accepté la pièce verte pour 300 €

et se demande s'il est prêt à mettre 600 € ou si dans ce cas il ne préférerait pas la pièce rouge pour 400 €, ce qui est en fait le cas. Quant à Stéphane, il a accepté la pièce rouge pour 300 € mais se dit qu'il est prêt à mettre 600 €. Les couleurs pour ce deuxième stade sont donc vert-rouge-rouge-rouge et on se retrouve entre les positions 300 (où Jay prend la pièce verte pour 300 €) et 400 (où Stéphane prend la pièce rouge pour 600 €).

On divise encore l'intervalle 300 - 400. Disons 300 - 320 - 350 - 400 et on se rend compte que Jay est prêt à mettre 350 € pour la pièce verte et Stéphane 680 € pour la rouge. Etc. Etc. À force de rapprocher les doigts, on pourrait terminer entre 325 € et 326 € et décider de répartir en deux l'euro manquant : Jay a accepté 325 € pour la verte et Stéphane 674 € pour la rouge, et ils se mettent d'accord au final pour 325,50 € et 674,50 € respectivement.

Les étiquettes montrent qui fait le choix entre la chambre verte et la chambre rouge.

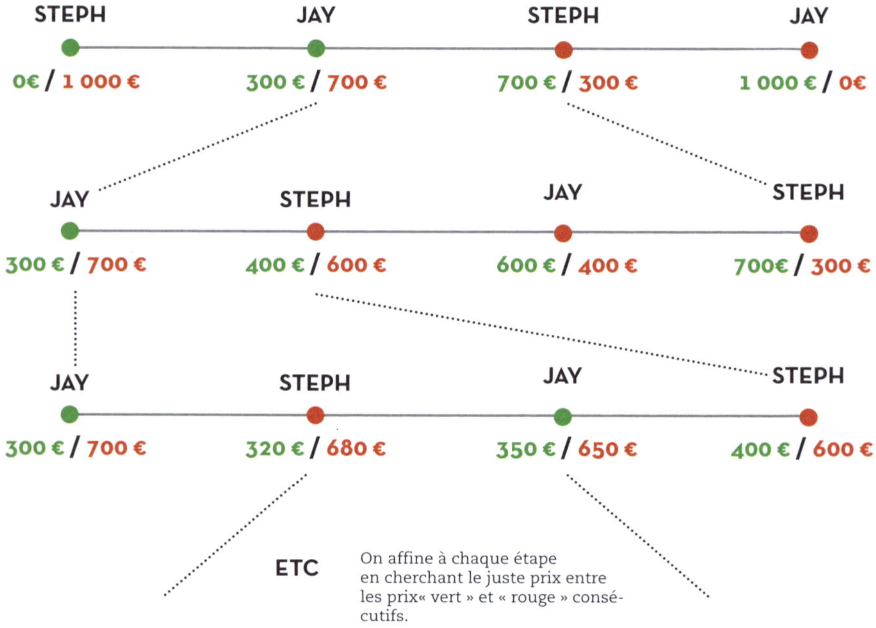

8 - Pierre / Feuille / Ciseaux

Les situations où il n'y a que deux possibilités sont relativement simples. Ce n'est pas le cas des situations avec au moins trois issues. On a vu que, si on cherche un mode de vote où personne n'a intérêt à mentir, avec deux issues, il suffit de choisir un seuil : à partir de tant, c'est une issue qui est choisie, et sinon c'est l'autre.

Ce n'est pas possible, en général, de trouver une solution à ce problème avec trois issues comme le montre le célèbre Pierre/Feuille/Ciseaux (aussi connu sous le nom de Shifumi). Le jeu, en lui-même, ne met pas en scène une situation de vote, mais plutôt des résultats. Une famille de cinq décide, par exemple, de mettre au vote leur destination de vacance : mer, montagne ou campagne. Chacun(e) a une opinion bien tranchée sur la question, que l'on peut symboliser ainsi : mer > montagne > campagne (ce qui signifie : je préfère la mer, mais à défaut c'est la montagne que je préfère à la campagne) ou bien campagne > montagne > mer ou tout autre ordre. Peut-on établir un ordre de préférences familial à partir des préférences individuelles ?

Pour voir apparaître Pierre/Feuille/Ciseaux, on va faire s'affronter les propositions deux par deux. Un résultat pourrait être : trois préfèrent la mer à la montagne (donc mer>montagne au niveau familial) et trois préfèrent la montagne à la campagne (donc montagne>campagne au niveau familial) … oui, mais voilà trois préfèrent la campagne à la mer !

Est-ce possible ? Oui ! Par exemple si on a les cinq situations individuelle suivantes : mer>montagne>campagne, campagne>-montagne>mer, campagne>mer>montagne, mer>montagne>-campagne, montagne>campagne>mer !

Bref : mer/montagne/campagne et Pierre/Feuille/Ciseaux, même combat !

9 - Carré magique

Une façon simple de construire cette situation est celle fournie par un carré magique, c'est-à-dire un carré de trois cases sur trois construit avec les neuf nombres de 1 à 9, de telle façon que chaque ligne, chaque colonne et chaque diagonale comporte trois nombres dont la somme est identique aux autres sommes.

Comment construire ce carré ? La somme des nombre de 1 à 9 fait 45 comme on l'a vu avec deux escaliers superposés ou avec un tas de billes (voir le chapitre d'Algèbre). Comme on a trois lignes de somme identique et que la somme de tous les nombres est 45, chaque ligne comporte trois nombres dont la somme est 15 car $\frac{45}{3}=15$. De même pour les colonnes et les diagonales.

En listant les possibilités pour écrire 15 comme somme de trois nombres entre 1 et 9 : $1+5+9$, $1+6+8$, $2+4+9$ etc. on se rend compte que : 1, 3, 7 et 9 n'apparaissent que dans deux décompositions seulement, tout comme les cases du milieu des bords du carré qui apparaissent exactement dans une ligne et une colonne ; 2, 4, 6 et 8 apparaissent dans trois décompositions exactement, tout comme les cases du coin du carré qui apparaissent dans une ligne, une colonne et une diagonale ; enfin 5 apparaît dans quatre décompositions tout comme la case centrale qui appartient à une ligne, une colonne et aux deux diagonales.

Donc il faut placer 5 dans la case centrale, les autres nombres impairs sur les cases du milieu, les nombres pairs aux coins. Il faut faire attention à compléter les lignes et les colonnes de façon à faire 15, mais il suffit de se laisser guider. Il n'y a qu'une seule façon de faire à symétrie près, soit huit en tout. Voici le résultat !

8	1	6
3	5	7
4	9	2

Dans ce carré, on peut interpréter chaque ligne comme une équipe de trois personnes, ayant chacune une force respective indiquée par le nombre entre 1 et 9. Deux équipes s'opposent en faisant s'affronter leurs membres se situant dans la même colonne. Ainsi la première ligne perd 2 à 1 contre le deuxième ligne : en première colonne, 8 gagne contre 3, en deuxième colonne 1 perd contre 5 et enfin 6 perd contre 7 en dernière colonne.

De même la deuxième ligne perd 2 à 1 contre la troisième (7 bat 2 mais 3 et 5 sont battus par 4 et 9 respectivement). Et pourtant la troisième ligne perd contre la première, toujours 2 à 1 !

10 - Vainqueur de Condorcet

La situation du carré magique ou de Pierre-Feuille-Ciseaux est inévitable et cela a amené le mathématicien et homme politique Nicolas de Condorcet à formuler dans son ouvrage *Essai sur l'application de l'analyse à la probabilité des décisions rendues à la pluralité des voix* un paradoxe : le scrutin majoritaire ne permet pas toujours d'ordonner des choix dès lors qu'il y a plus de trois possibilités.

Afin de le résoudre, Cordorcet a proposé une méthode pour définir qui l'emporte dans une telle situation paradoxale. Il faut d'abord connaître les résultats de tous les duels (ce qui n'est pas possible par exemple lors de l'élection présidentielle française) et ensuite Condorcet préconise de ne pas considérer le duel qui a été le plus serré. Par exemple : si mer l'emporte sur montagne de 25 voix, montagne sur campagne de 12 voix et campagne sur mer de 17 voix, alors on ne considère pas le duel montagne vs. campagne et le résultat est campagne>mer>montagne. Attention ! Le nombre de voix d'écart ne compte que pour savoir qui éliminer dans la boucle et non pour classer.

Évidemment, il faut pour cela que les duels puissent être distingués, ce qui n'était pas le cas du premier exemple dans une famille de cinq. Mais si l'on excepte ces cas-là, la méthode de Condorcet peut se généraliser. Voici un exemple avec cinq issues différentes utilisant la méthode dite des « paires ordonnées ». On les a représentées par des lettres et une flèche $A \to B$ signifie que A l'emporte sur B, le nombre au-dessus donnant l'écart de voix.

EXEMPLE ENTRE 45 VOTANTS

On fait le choix entre A et B :
20 voix pour A et 25 voix pour B.

POUR / CONTRE	A	B	C	D	E
A		25			
B	20				
C					
D					
E					

Soit 5 voix de plus pour B
ce qu'on symbolise par

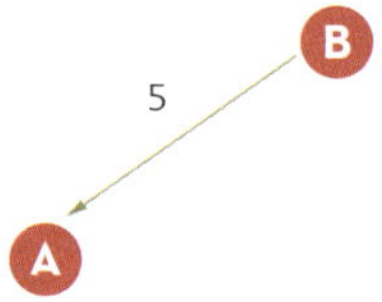

On oppose successivement A
aux quatre autres candidats :

POUR / CONTRE	A	B	C	D	E
A		25	19	15	23
B	20				
C	26				
D	30				
E	22				

Et on symbolise par :

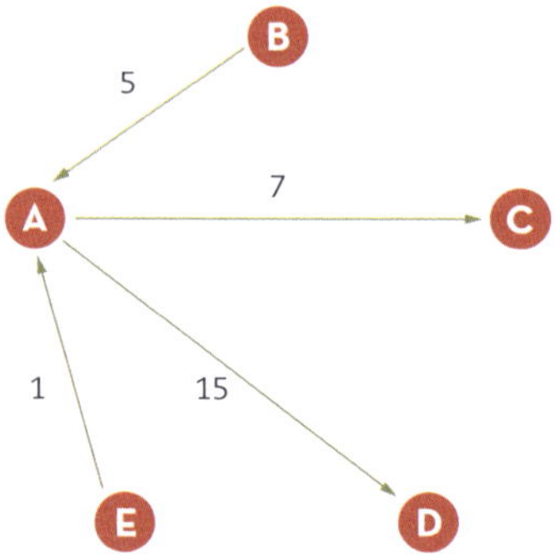

On remplit toutes les cases en effectuant toutes les confrontations
deux à deux, puis on complète le dessin.

CONTRE \ POUR	A	B	C	D	E
A		25	19	15	23
B	20		29	12	27
C	26	16		28	21
D	30	33	17		31
E	22	18	24	14	

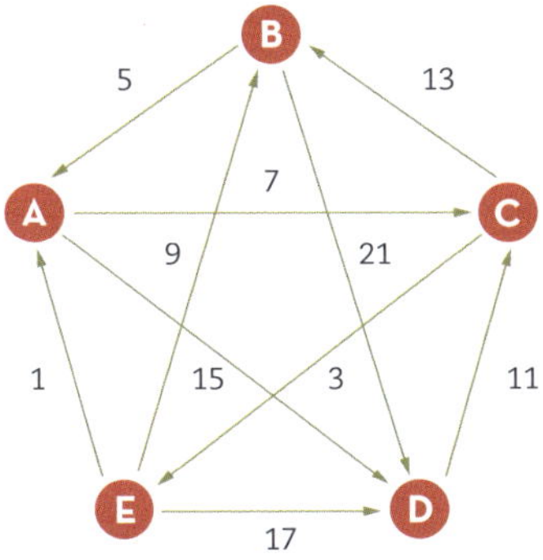

La méthode consiste à conserver l'écart le plus fort (ici : 21) en le colorant en bleu, puis le suivant etc. tant qu'on ne rencontre pas de boucle formée de trois arêtes : deux bleues plus celle que l'on étudie. La première situation de ce genre arrive avec la flèche 11 entre *D* et *C*. On a *B*>*D*>*C*>*B*. Comme c'est la victoire de *D* sur *C* qui est la plus serrée, on ne la considère pas. Concrètement on élimine la flèche. On gardera ensuite 9 et 7, mais 5 sera éliminée à cause de *B*>*A*>*C*>*B*, et 1 aussi à cause de *A*>*C*>*E*>*A*. Au final, on trouve que A l'emporte contre les adversaires qui restent face à lui (*C* et *D*), *B* perd contre *C* et *E*, *C* perd contre *A*, *D* perd contre *A*, *B* et *E* et enfin *E* perd contre *C*. Comme *A* est le seul à ne pas avoir perdu, Condorcet préconise de le déclarer vainqueur.

Arête par arête, en commençant par celle avec le plus fort « poids », on étudie si elle appartient à une «boucle » pierre/feuille/ciseaux. Si oui, on l'élimine, sinon on la confirme (et on y touchera plus).

ARÊTE 21

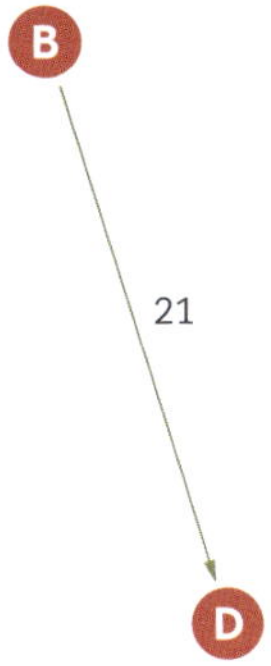

Pas de boucle

ARÊTE 17

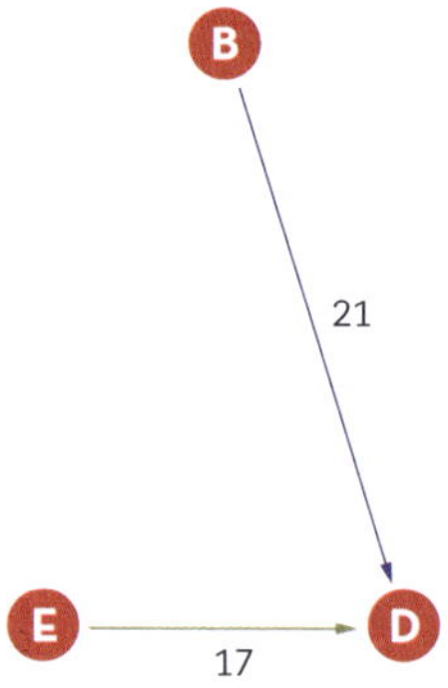

Toujours pas de boucle

ARÊTE 15

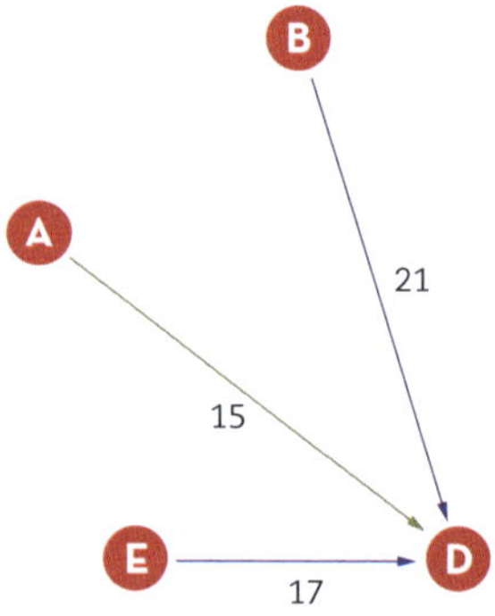

Toujours pas de boucle

ARÊTE 13

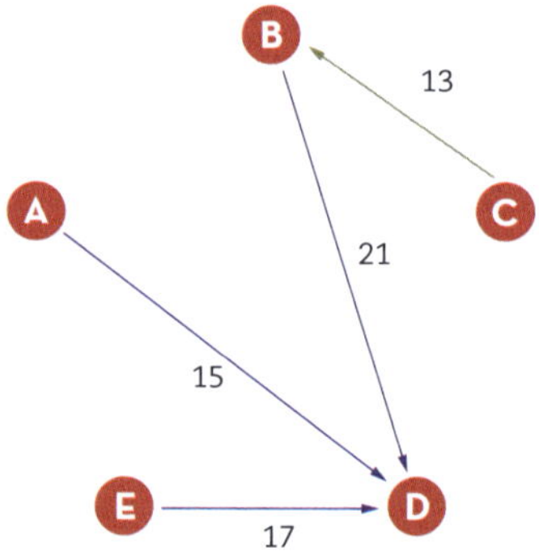

Toujours pas de boucle

ARÊTE 11

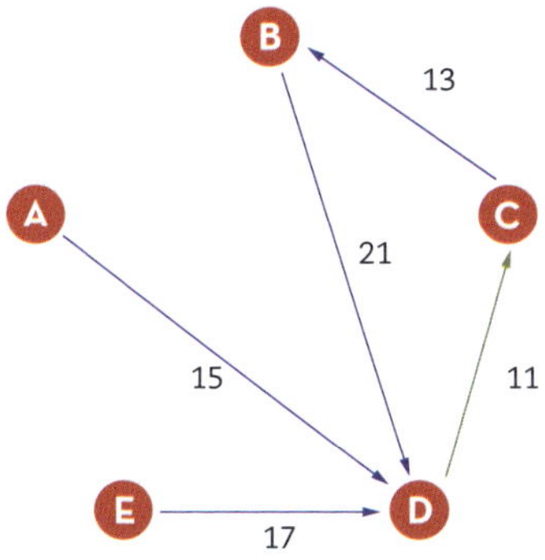

Apparition d'une boucle entre *B*, *C*, et *D*. *B* l'emporte sur *D* qui l'emporte sur *C* qui lui-même l'emporte sur *B*.

D est celui qui obtient la victoire la moins large dans la triangulaire : on le déclare perdant et on « efface » l'arête de *D* vers *C*.

ARÊTE 9

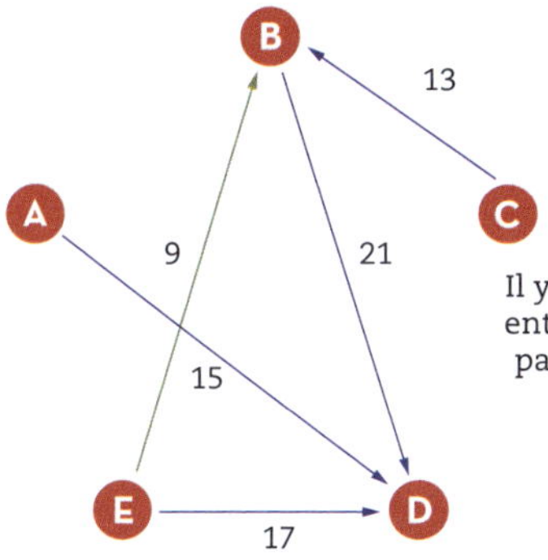

Il y a ici une triangulaire entre *B*, *D* et *E* mais sans paradoxe de Condorcet

En effet : *D* a perdu deux fois, et *B* gagné et perdu tandis que *E* l'emporte face à ses deux adversaires. !

ARÊTE 7

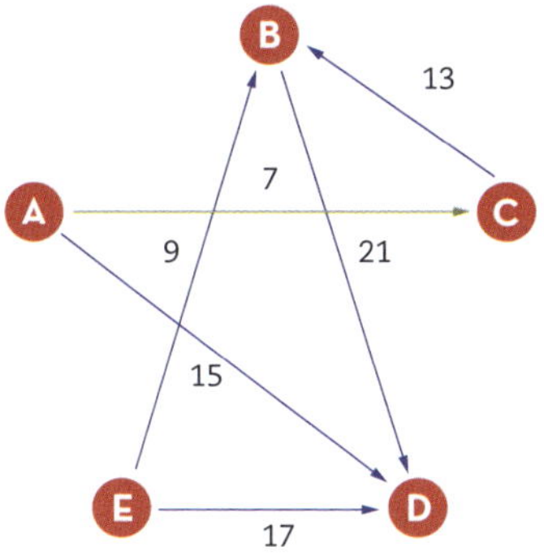

Pas de boucle : *A* l'emporte face à ses deux adversaires dans la triangulaire *A*, *C*, *D*.

ARÊTE 5

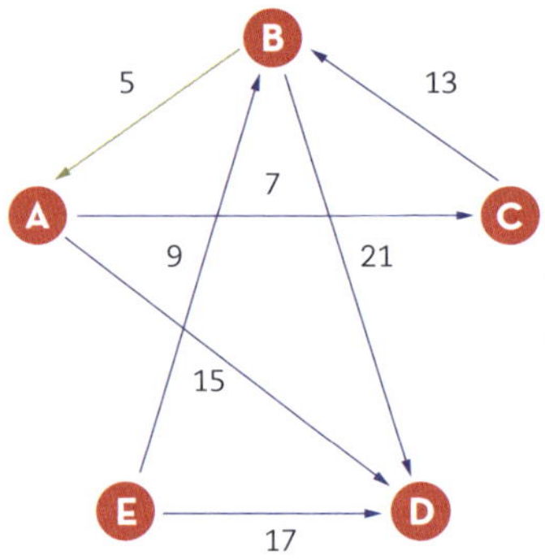

Dans la triangulaire *A*, *B*, et *C* la victoire de *B* est la plus courte. On efface donc l'arête entre *B* et *A*

ARÊTE 3

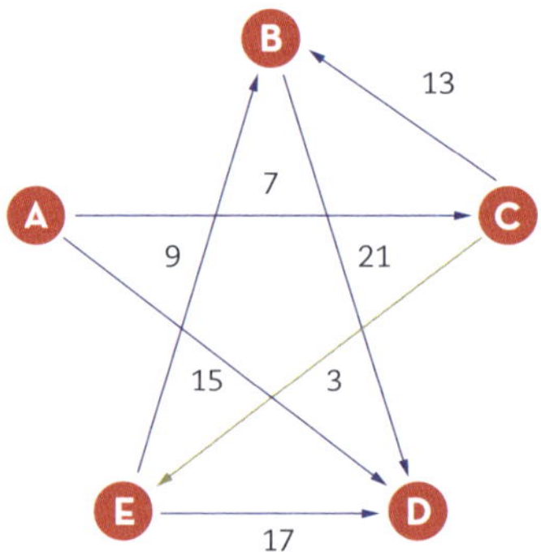

Dans la triangulaire entre *B*, *C* et *E*, *C* l'emporte les deux fois, ce n'est donc pas une situation Pierre/Feuille/Ciseaux. On confirme l'arête.

ARÊTE 1

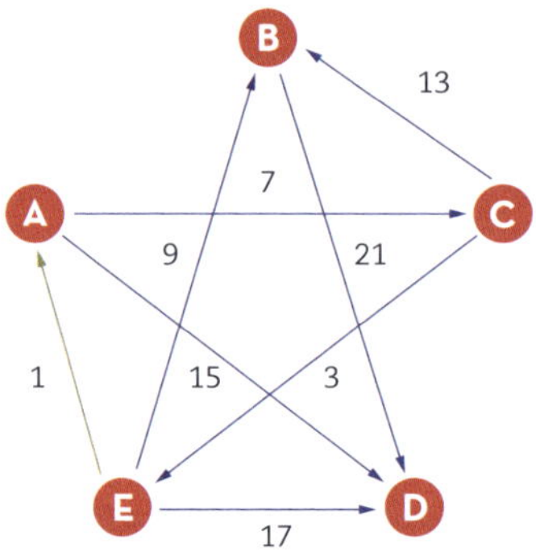

Dans la triangulaire entre *A*, *D*, *E*, *E* l'emporte les deux fois. Mais dans la triangulaire *A*, *C*, *E*, on a un paradoxe. Comme la victoire de *E* sur *A* est la plus courte, on efface cette arête.

BILAN

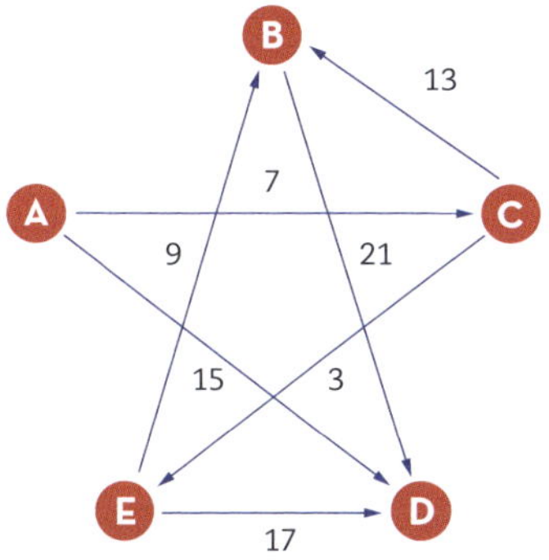

Au vu du bilan *A* est déclaré vainqueur. En effet,

**A NE PERD AUCUN DUEL.
B PERD CONTRE C ET E
C PERD CONTRE A
D PERD CONTRE A, B ET E
E PERD CONTRE C.**

Il existe bien d'autres façons de résoudre ces conflits, comme par exemple le système de vote en Irlande, dit alternatif ou par report de vote simple. Chacun(e) exprime ses préférences et on élimine la personne ayant été classée première le moins souvent. En supprimant cette personne de toutes les listes, on obtient un scrutin concernant un(e) candidat(e) de moins et on recommence jusqu'à obtenir une confrontation entre deux candidat(e)s. Cela nécessite du temps, ou une informatisation !

11 - Une seule solution, la dictature ?

La méthode des paires ordonnées n'est pourtant pas utilisée tout le temps. C'est qu'elle a un défaut : le classement entre deux options peut dépendre d'une troisième option. Et cela peut encourager des stratégies : voter pour la troisième option afin que la première l'emporte au final. Ce peut être un vote « utile » dans une version plus ou moins assumée.

Le paradoxe de Arrow est une version plus forte du paradoxe de Condorcet, établie en 1951 par l'économiste Kenneth Arrow. Il analyse les systèmes de vote tentant de refléter l'ensemble des préférences de chacun(e), et qui ne se contentent donc pas de désigner un(e) gagnant(e), à propos de trois options ou plus. Il fait deux hypothèses sur les systèmes de vote :

1. Si une option est préférée à une autre par tout le monde, le résultat du vote fait de même.
2. Si, d'une fois à l'autre, les seuls changements concernant la comparaison entre deux options sont exclusivement en faveur d'une des deux, alors le résultat du vote ne peut pas pénaliser celle-ci en la faisant passer d'une comparaison favorable à une comparaison défavorable.

Cette deuxième clause explique qu'on n'a pas intérêt à voter pour quelqu'un dans l'intention de lui nuire. Sous ces deux hypothèses, Arrow démontre qu'il n'y a qu'un seul système de vote qui tienne compte de tous les cas possibles et donne un résultat sous forme de classement ordonné entre toutes les options : le système qui donne systématiquement comme résultat celui d'un(e) des votants déterminé(e) à l'avance, autrement dit il s'agit d'une dictature !

12 -Vive Adénoïd ?

Comment démontrer des choses pareilles ? Avec des mathématiques ! On considère deux options A et B. Avec la règle choisie (dont on va montrer que c'est nécessairement une dictature), supposons qu'à partir de l'ensemble des personnes préférant *A* à *B*, le système de vote amène le résultat $A>B$ (A est préféré à *B* au niveau collectif). Puisque toutes les situations doivent pouvoir être envisagées, imaginons que pour deux autres options *C* et *D*, les personnes préférant *A* à *B* ordonnent les quatre options ainsi $C>A>B>D$ tandis que les autres pensent $B>D>C>A$. À cause de la première clause de Arrow, puisque tout le monde préfère *C* à *A*, le système de vote doit faire pareil, et de même B est préféré à *D*. Mais comme le résultat entre *A* et *B* ne dépend pas de ce que les gens pensent de *C* et *D*, à cause de la seconde clause, le système de vote amène donc à : $C>A>B>D$. Et comme le résultat entre *C* et *D* ne dépend pas de ce que les gens pensent de *A* et *B*, on voit que : si les mêmes personnes classent *A* par rapport à *B* comme ils classent *C* par rapport à *D*, alors le résultat de la comparaison entre *A* et *B* sera le même qu'entre *C* et *D* : si $A>B$ collectivement, $C>D$ aussi.

L'électeur x préfère *A* à *B* : $A>B$

Selon l'électeur x, le meilleur choix est *C*, puis *A*, ou sinon *B* et D : $C>A>B>D$

SITUATION N°1

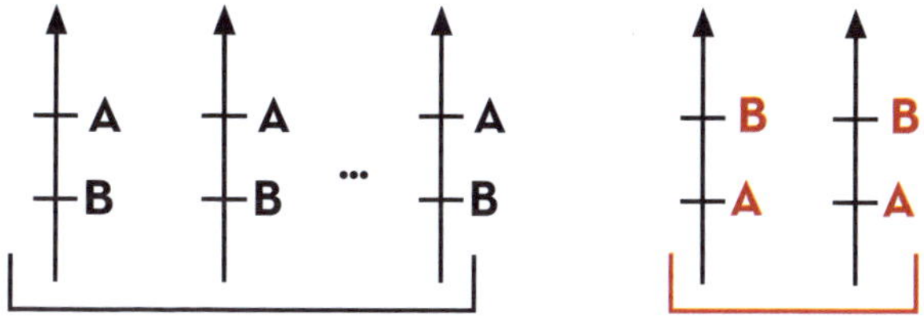

Groupe d'électeurs préferant *A* à *B* Groupe d'électeurs préferant *B* à *A*

On suppose que dans ce cas, *A* est déclaré vainqueur (selon le mode de scrutin choisi)

SITUATION N°2

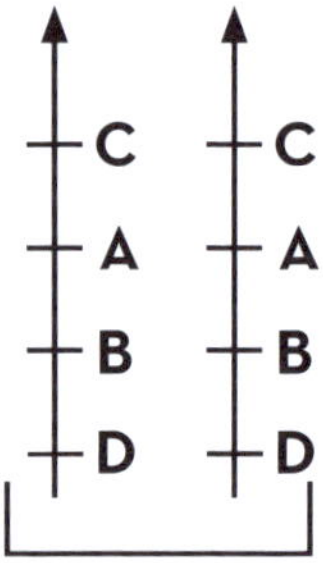

Même groupe que précédemment

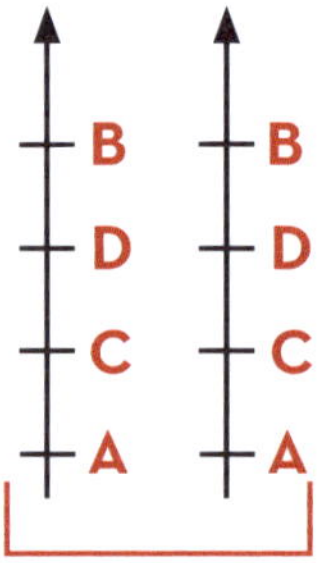

Même groupe que précédemment

Tout le monde préfère C à A donc $C>A>B$ et tout le monde préfère B à D donc $C>A>B>D$ et en particulier $C>D$

SITUATION N°3

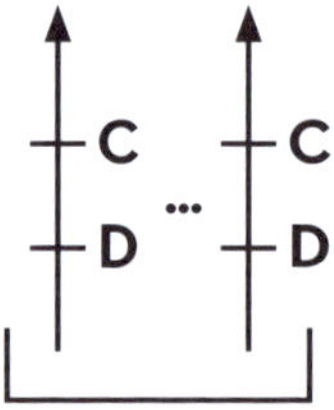

Même groupe que précédemment

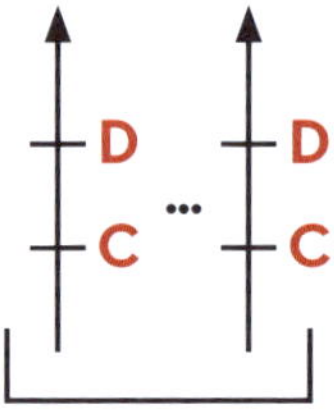

Même groupe que précédemment

Si l'ensemble des votants compare C à D de la même façon qu'il le fait entre A et B, alors le résultat collectif compare C et D de la même façon qu'il le fait avec A et B

Supposons maintenant que tout le monde préfère A à B, alors $A>B$ collectivement. Toujours parce qu'on a le droit d'envisager tous les cas possibles, on imagine que, une par une, les personnes changent d'opinion et renversent leur opinion. Exactement comme avec notre coloriage pour trouver le « juste prix », on sait que si tout le monde change d'opinion alors collectivement on aura $B>A$, donc il y a bien un moment où le système de vote fait basculer le résultat de $A>B$ vers $B>A$. Appelons « Adénoïd » la personne dont le vote fait basculer le résultat.

Maintenant supposons qu'Adénoïd classe *A>C>B*, que ceux avant classent *C* tout en haut de leur classement et ceux après classent *C* tout en bas. La position générale de *C* par rapport à *B* est alors comme celle de *A* et *B* avant qu'Adénoïd ne change le résultat précédemment, donc *C>B* collectivement. De même la position de *C* par rapport à *A* est comme *A* par rapport à *B* après le changement d'opinion d'Adénoïd, donc *A>C* collectivement. Donc *A>C>B* et en particulier *A>B*. Comme le résultat ne doit pas dépendre de ce qu'on pense de *C*, on en déduit que si Adénoïd pense *A>B*, alors ce sera le choix collectif quelque soit ce qu'en pensent les autres, et comme c'est vrai en fait pour tout couple d'options *C>D* d'après notre premier argument : Adénoïd est un dictateur (ce qui ne surprendra pas les fans de Charlie Chaplin !).

SITUATION N°4

On ordonne les personnes participant au vote de gauche à droite.

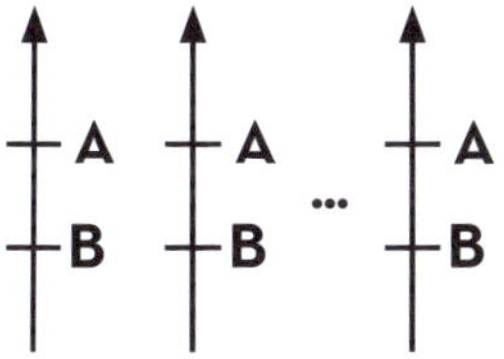

Premier cas : tout le monde pense A>B
Par unanimité A>B

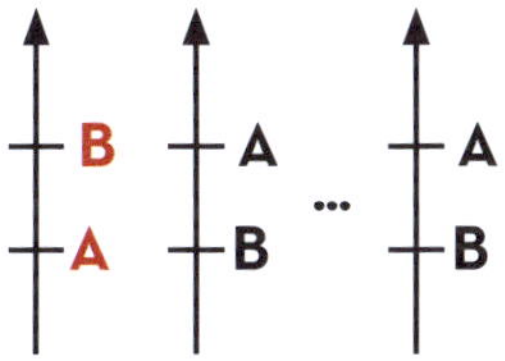

Deuxième cas : la personne tout à gauche modifie son choix
Selon le mode de scrutin choisi, on obtient soit A>B, soit B>A

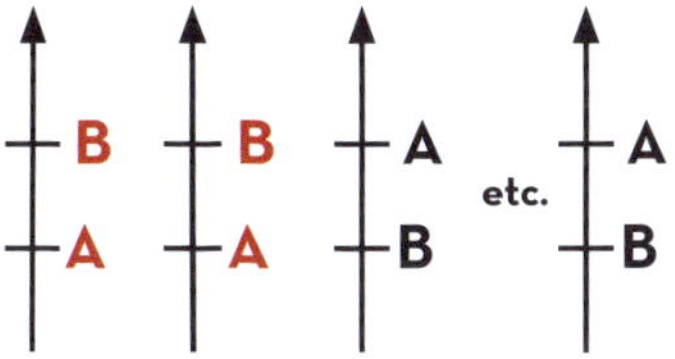

Troisième cas : les deux personnes tout à gauche modifient leurs choix
Selon le mode de scrutin choisi, on obtient soit A>B, soit B>A

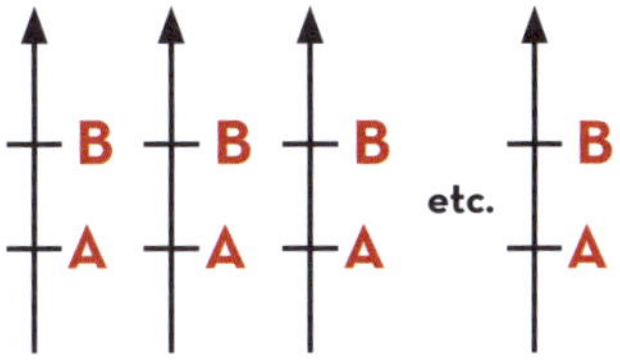

Dernier cas : tout le monde modifie son choix
Par unanimité B>A

Il existe donc un moment où le résultat du scrutin bascule de *A>B* vers *B>A*

SITUATION N°4*

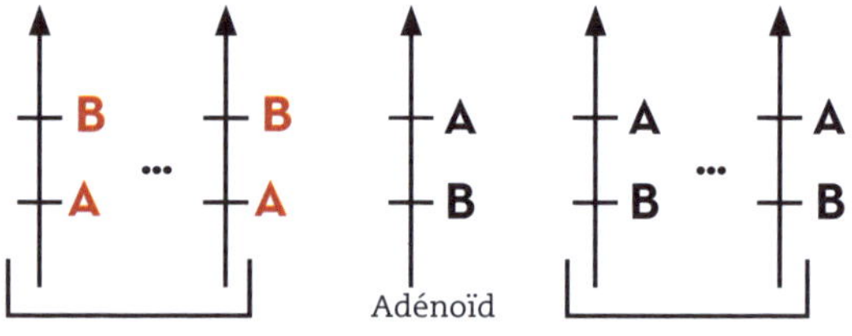

Avant le changement d'avis d'Adénoïd, c'est encore A qui gagne

SITUATION N°4**

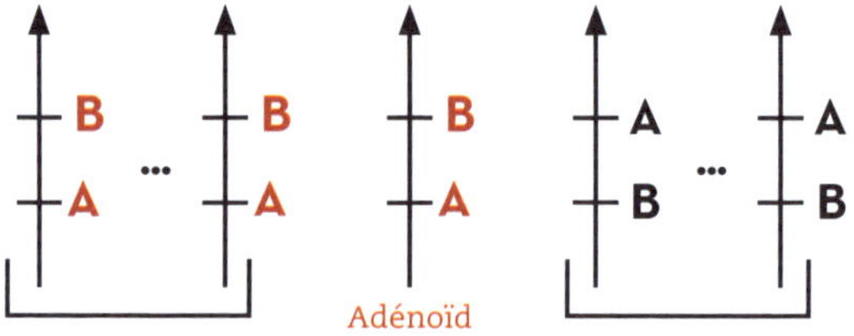

Avec le changement d'avis d'Adenoïd, c'est B qui l'emporte !

SITUATION N°5

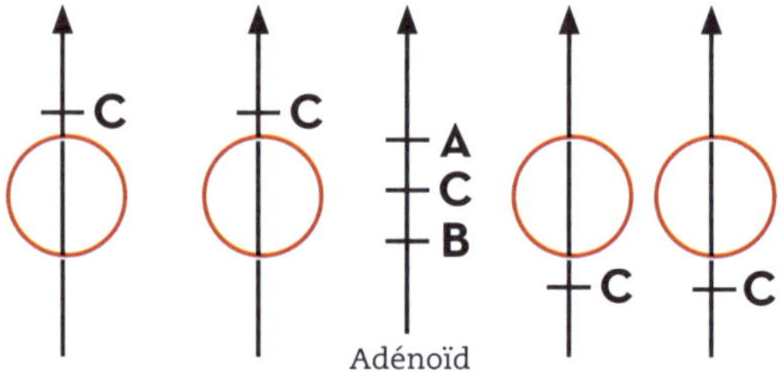

Les cercles rouges regroupent tou(te)s les autres candidat(e)s

Le placement de A par rapport à C est le même que le placement de A par rapport à B dans la situation 4*, et le placement de C par rapport à B est le même que le placement de B par rapport à A dans la situation 4**
Grâce à la conclusion de la situation 3, il vient A>C et C>B et donc aussi A>B
En oubliant le placement de C puisque le résultat du vote entre A et B en est indépendant, si Adénoïd préfère A à B, c'est ce que conclura le scrutin.
Grâce à la conclusion de la situation 3, cette dernière conclusion est valable pour tout couple de candidat(e)s et donc Adénoïd est un dictateur !

13 - Un dictateur, d'accord, mais pris au hasard !

Si on ne s'intéresse qu'à la victoire, le philosophe Allan Gibbard et l'économiste Mark Satterthwaite ont démontré que pour plus de trois candidat(e)s, les systèmes de vote qui ne sont pas des dictatures et qui permettent à tou(te)s les candidat(e)s de pouvoir gagner amènent à des situations où certain(e)s ont intérêt à mentir en travestissant leurs préférences réelles.

Le mensonge est-il donc inéluctable ? Eh bien non ! Allan Gibbard a démontré en 1977 que le seul système de vote qui respecte les deux clauses de Arrow mais qui autorise l'intervention du hasard est la « dictature aléatoire » aussi appelée « scrutin stochocratique ». C'est tout simplement celui utilisé en Grèce antique : les bulletins sont mis dans une urne ... et on tire au sort un des bulletins ! Il est alors bien clair que personne n'a intérêt à mentir et que l'unanimité est respectée.

Il est sans doute utile de préciser ce que « tirer au sort » veut dire : la probabilité qu'un(e) des candidat(e)s soit élu(e) est exactement égale à la proportion de bulletins portant son nom.

Ce qui est étrange avec ce théorème, c'est qu'il n'est valable qu'à partir de trois options. Car pour deux options il existe bien d'autres façons de faire, comme le scrutin majoritaire, et que ces scrutins ne donnent pas les mêmes résultats.

14 - Les vertus du coloriage

Les théorèmes de Arrow ou Gibbard ont de quoi refroidir les partisan(e)s de la démocratie ! Pour terminer sur des notes plus positives, voici une situation où le pluriel ne nuit pas !

On partage un gâteau entre trois personnes. Une fois de plus, on va satisfaire tout le monde grâce à un coloriage ! Cette fois-ci on dessine un triangle et on colorie les trois sommets avec trois couleurs différentes, disons en rouge, vert et bleu. Chaque point à l'intérieur du triangle est associé à un partage. En mathématiques, on parle de coefficients barycentriques, mais il y a une

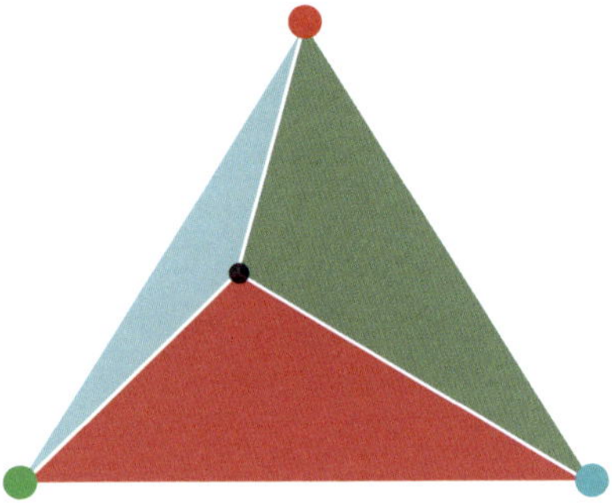

Au point intérieur noir correspond une répartition du gâteau proportionnelle aux surfaces coloriées

Si le point noir se trouve sur le côté entre rouge et vert, alors la part bleue est réduite à néant, et similairement pour les autres côtés

Si le point noir se trouve sur le sommet rouge, alors les parts bleue et verte sont réduites à néant, et similairement pour les autres sommets

façon très simple de le voir : à partir du point intérieur on trace des traits pour le relier aux trois sommets du triangle, de sorte à former trois petits triangles. Les proportions des parts de gâteau sont les mêmes que les proportions de surface des petits triangles : la part « rouge » est au gâteau complet, en proportion, ce que la surface du petit triangle de sommets noir-vert-bleu (tout sauf rouge) est au grand triangle. Par exemple si la surface du triangle est 60 cm^2 et le point noir est choisi de sorte que le triangle de sommets noir-vert-bleu a une surface de 10 cm^2, celui de sommets noir-rouge-vert une surface de 20 cm^2 et celui de sommets noir-rouge-bleu 30 cm^2, alors la part verte est la moitié du gâteau, la part bleue un tiers et la part verte un sixième.

On crée un premier calque en subdivisant le triangle en plein de petits triangles et on attribue un(e) propriétaire à chacun des sommets de sorte que tous ces petits triangles aient trois sommets avec trois étiquettes de couleurs différentes. Ensuite on demande à chaque propriétaire de se prononcer sur les répartitions symbolisées par les sommets leur appartenant : avec cette découpe du gâteau, laquelle des trois parts aurait leur préférence. On crée alors un second calque en coloriant chaque sommet ce sommet en vert, rouge ou bleu selon la part choisie. Nous allons voir que, comme pour le bâton (voir « le bon équilibre »), on peut trouver un triangle dont les sommets sont coloriés avec trois couleurs différentes. Si le découpage du premier calque a été suffisamment fin, les trois répartitions trouvées, correspondant aux trois sommets du petit triangle tricolore, diffèrent d'au plus une miette : ainsi chacun(e) aura une part « juste » et n'enviera pas les autres !

15 - Comment diviser en trois ?

On s'occupe pour l'instant uniquement du second calque de couleurs rouge, verte et bleue et on remarque que les sommets correspondent à une des trois parts qui est le gâteau tout entier et les deux autres sont réduites à néant. On suppose que tout le monde est intéressé par le gâteau et donc les sommets sont

CRÉATION D'UN PREMIER CALQUE

Exemple d'attribution des propriétaires par la création d'un premier calque avec des points noirs, gris et blancs : les couleurs correspondent à trois propriétaires différent(e)s.

Le découpage est réalisé de sorte que la différence de répartition entre les trois divisions correspondant aux trois sommets d'un petit triangle soit insignifiante.

nécessairement coloriés avec la couleur correspondant à la part pleine. Sur les bords du triangle, une des parts est réduite à néant (le triangle correspondant est aplati !) et la couleur est donc choisie parmi les deux autres. À l'intérieur la couleur peut être arbitraire a priori.

On efface maintenant les traits entre deux points coloriés l'un en vert et l'autre en rouge, pour créer des « portes ». D'après ce qu'on a dit pour le bâton (voir « le bon équilibre »), on trouve sur le côté vert-rouge un nombre impair de portes d'entrée sur le côté. Il n'y a pas de portes sur les autres côtés car sur ceux-ci soit il n'y a pas de point colorié en vert, soit il n'y en a pas en rouge. À l'intérieur du grand triangle :

– soit il n'y a qu'une porte car le petit triangle a trois sommets de couleurs différentes,

– soit il y a deux portes car il y a deux sommets vert et un sommet rouge, ou le contraire,

– soit il n'y a pas de porte du tout car il y a au moins deux sommets bleus ou trois sommets de la même couleur.

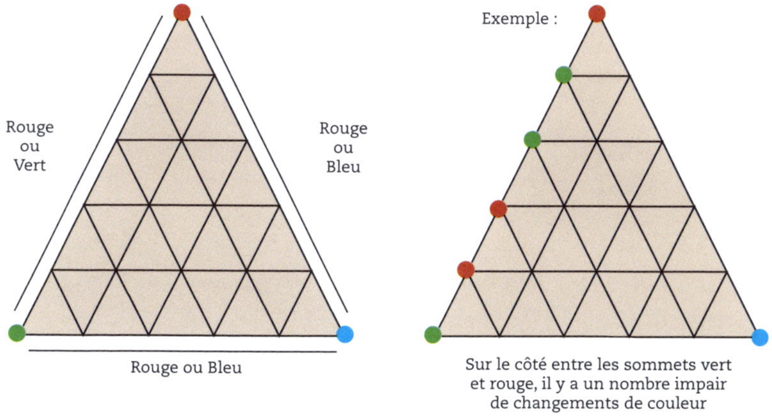

Chacune des portes sur le côté vert-rouge permet alors d'entrer dans le triangle. En prenant l'autre sortie du petit triangle, si elle existe, on se fraye un chemin. Soit ce chemin ressort par une porte côté vert-rouge, soit le chemin arrive à un cul-de-sac. De la sorte

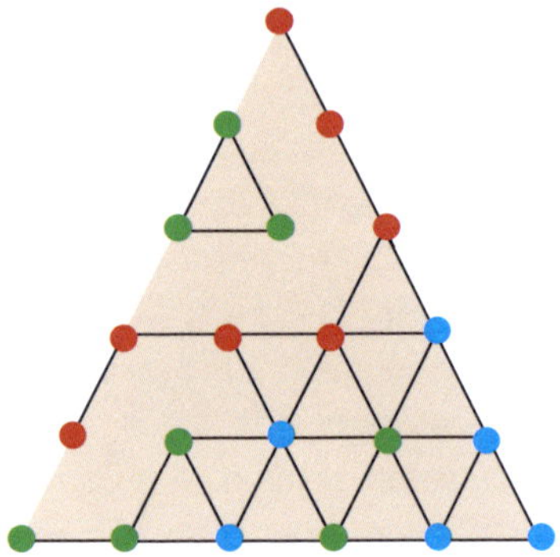

On efface les murs entre deux points de couleurs verte et rouge

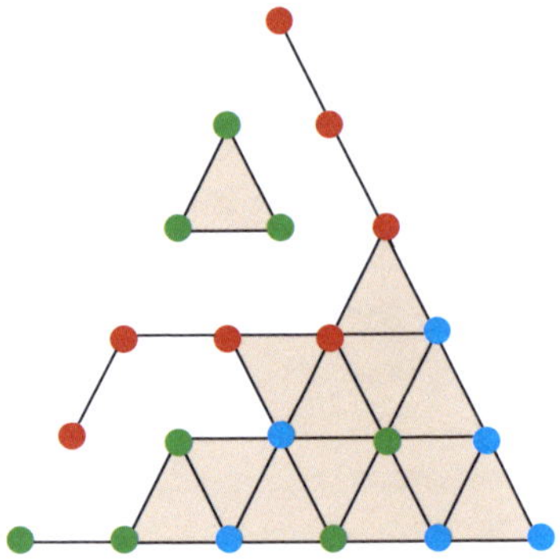

On voit apparaître des couloirs et l'un d'entre eux est un cul-de-sac aboutissant à un petit triangle tricolore

les chemins qui rentrent par une porte et ressortent par une autre permettent d'associer entre elles deux portes d'entrée sur le côté. Comme on sait qu'il y a un nombre impair de portes d'entrée sur le côté, l'une au moins mène à un cul-de-sac. Or, un cul-de-sac est un triangle avec une seule porte (d'entrée et pas de sortie), donc est colorié avec les trois couleurs !

16 - Comment répartir en trois ?

On pourrait croire que le partage de gâteau et le partage d'une colocation sont le même problème. Oui, et non, comme dirait Dumbledore ! Un sommet du grand triangle correspond à une part pleine. En terme de loyer, cela veut dire que si on choisit cette chambre, on paye tout le loyer ! Alors que si on en prend une autre, on ne paye rien… Autant dire que, justement, ce sommet ne sera pas colorié de la couleur pour laquelle on paye tout. Par contre, sur les côtés, il y a une chambre pour laquelle on ne paye rien et deux pour lesquelles on paye quelque chose : on va donc toujours choisir celle pour laquelle on ne paye rien.

Il existe un argument, dit de dualité, permettant d'échanger les rôles des sommets et des côtés et qui permet de conclure comme précédemment. Mais on va se contenter d'étudier le cas où on a partagé chaque côté en quatre, formant en tout seize petits triangles. Un seul de ces seize triangles a ses trois sommets à l'intérieur du grand triangle. On l'appelle triangle central.

On colorie un bord avec du vert, un autre avec du rouge, le dernier avec du bleu. Peu importe les sommets, ils ne donneront jamais un triangle tricolore, mais pour les repérer on les appelle vert-rouge (à l'intersection des côtés vert et rouge) etc. Si le triangle central est tricolore, on a gagné ! S'il est monocolore, disons bleu, alors son point le plus proche du sommet vert-rouge fait avec les deux points sur les côtés rouge et vert un triangle tricolore. Enfin s'il est bicolore bleu et rouge, disons deux sommets bleus et un rouge, on a deux cas en fonction de la couleur de son sommet le plus proche du sommet vert-rouge du grand triangle :

– soit il est bleu et alors comme dans le cas monocolore, il fait avec les deux points sur les côtés rouge et vert un triangle tricolore ;

– soit il est rouge et alors il fait avec le milieu du côté vert et un des deux sommets bleus, un triangle tricolore.

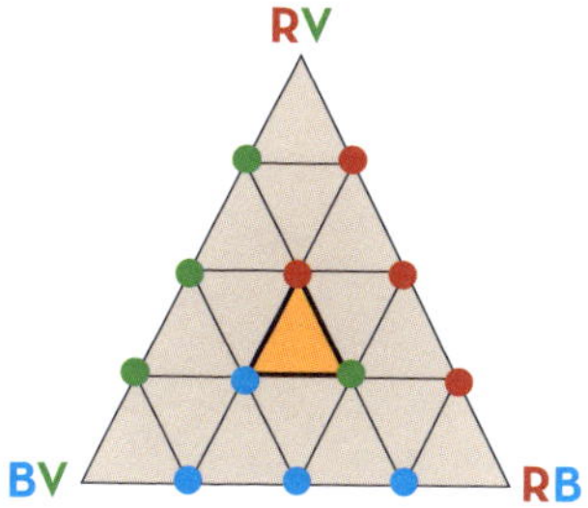

Triangle central tricolore

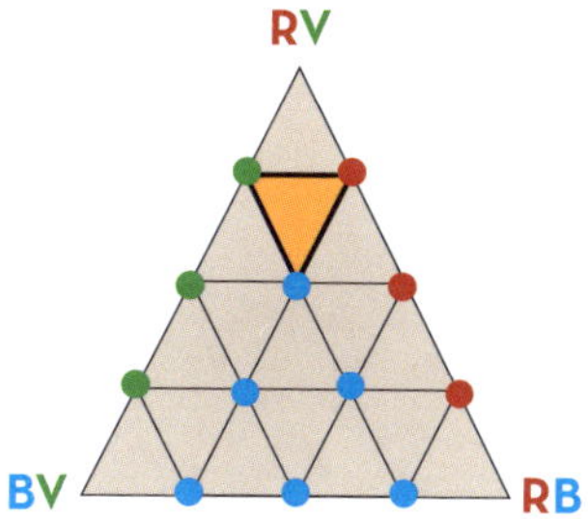

Triangle central monocolore

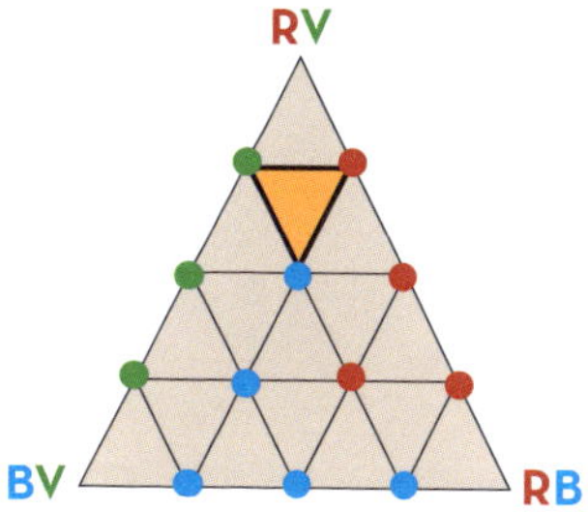

Triangle central bicolore

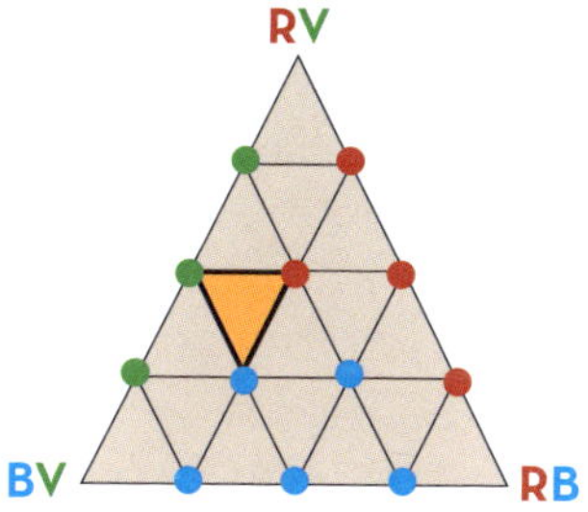

Triangle central bicolore

Création graphique : Nicolas Beaujouan
Mise en page : Thomas Hamel
Suivi éditorial : Le Livre d'Après, Isabelle Raimond